科学技術
ドイツ語表現・語彙・類用語
大辞典

町村直義 編著

技報堂出版

書籍のコピー，スキャン，デジタル化等による複製は，
　著作権法上での例外を除き禁じられています．

まえがき

　本書は，ドイツ語の授業を受けはじめた高校のときから，今日に至るまで，すなわち，高校・大学・大学院での授業・講義，ドイツでの企業研修，大手製鉄会社勤務，ドイツ駐在，ISO事務局，翻訳業務などで得た経験・知見・技術を基に，科学技術の分野でよく使われる科学技術ドイツ語について，表現・語彙・類用語をまとめたものである．

　科学技術文献・特許の翻訳の際に迷ったとき，「あ，そうか！」と納得していただけたら幸いである．本書で挙げた表現・語彙・類用語は，筆者が実際に遭遇した，または使用した生きた科学技術ドイツ語・文で，有用と思われるもののみを集めたものであり，実際の業務・翻訳に役立つと確信している．科学技術ドイツ語関連書については，国内で最近刊行されることがなく，科学技術の進展に適応できていないのが現状である．また，筆者をはじめとする団塊の世代の幅広い経験・技術の伝承の面からもこの種の書籍が望まれていた．本書が現在では古くなっている専門辞典類との懸け橋となって，科学技術ドイツ語の理解の一助となれば，筆者の幸いとするところである．また，本書では，**特に目次を索引代わりに利用していただき**，必ずやその中に適切な表現・例文・類用語などが見つかることを願ってやまない．

　なお，本書で取り上げた文章のうち，短い文で，よく一般的に使われ，著作権的に意味がないと思われるものについては，出典を示さなかったが，長文については，その都度出典を書き添えた．また，技術用語については，適宜英語も併記した．略語については，英語圏由来もしくは英語であってもそのままよく使われるもの，重要と思われるものについては採用した．なお特許関係の略語については，本書（15項）および拙著『科学技術独和英略語大辞典』（近刊予定）双方を参照していただきたい．さらに，文法については，本書が実用に処することを目的にしていることから，読者がある程度文法は習得されていることを念頭に置き，できる限り最小限に抑えた．訳文は，時に意味用法をわかりやすくするために直訳調に，あるいは少し意訳気味とした．

　さらに，本書では，文法学者ではなく，エンジニアの立場から，主に，技術論文，技術系雑誌，特許，規格などでよく用いられる表現法，語彙，類似語，

i

スペルの似た単語，注意すべき文法上のポイントなどについて実用上の観点からまとめてみた．目次小項目（1-1など）および項目内記述の順番は利便性を考慮し，できるだけ五十音順，アルファベット順（定冠詞，不定冠詞，数字は無視）とし，**目次が索引を兼ねられるようにした．項目は品詞，トピックスなどにより分類し，読者の関心に従って順不同に選択し活用していただくことができればと考えている．**なかでも181単語を示した「弁」をはじめとする同一範疇に属する技術用語をまとめた項目，頻度表現，好ましさの表現，助動詞，一般の辞書では適訳の見つけにくい動詞（entfallenなど），数学，特許分野ほかの採り上げ方は，語の適切な日本語訳を見つけるうえでも大いにお役に立つことができるのではと考えている．ご使用いただいた皆様方からの温かい建設的なご教示をいただけましたら幸いであります．

2019年（令和元年）秋　軽井沢の山荘にて

町村　直義

凡　例

1. 符号・記号・略語

男 男性名詞

女 女性名詞

中 中性名詞

複 複数形

類 類義語・同義語

関 関連語・反対語

etwas 　　　事物の 4 格

etwas$^{(3)}$ 　　事物の 3 格

etwas$^{(2)}$ 　　事物の 2 格

$^{+2,+3,+4}$ 上付き数字は格支配を示す.

他 他動詞

自 自動詞

再 再帰動詞

4 格の再帰代名詞を必要とする再帰動詞には sich を，3 格のそれを必要とする再帰動詞には sich$^{(3)}$を添えて示した.

英 英語表示

独 ドイツ語表示

仏 フランス語表示

ラ ラテン語表示

2. 目次小項目(1-1 など)および項目内記述の順番

順番は利便性を考慮し，できるだけ五十音順，アルファベット順(定冠詞，不定冠詞，数字は無視)とし，目次が索引を兼ねられるようにした．項目内記述もわかりやすくするとともに，項目は品詞，トピックスなどにより分類し，読者の関心に従って順不同に選択して活用していただくことができればと考えている．ウムラウトについては，ä = ae, ö = oe, ü = ue として，並べた.

iii

凡　例

3. 数字で始まる見出し語, 語中に数字を含む語は, 数字を無視して配列した.

4. 冠詞を伴なう見出し語, 語中に冠詞を含む語は, 冠詞を無視して配列した.

5. ギリシャ文字の接頭記号を持つ見出し語については, その後にくる語により配列した.

6. 化合物の異性体や結合位置を表わすギリシャ文字以外の D-, L-, N-, O-, S- などで始まる見出し語については, D-, L- ほかの文字に従い配置した.

7. 内容全文表記の先頭に表示した㊥は, 英語(圏)起源または英語であることを示す.

8. 漢字の読みについては, 必要によりその語の後ろの［　］にて示した.

9. 括弧表示は（　）とし, 二重括弧となる場合は〔（　）〕とした.

10. 単語などの各見出し語の内容表示は, 原則として以下の配列表示とした.
見出し独英単語－性表示－和文訳名（必要により和文関連語, 別名, 語の説明・補足）－（必要により独英語類義語・同義語, 関連語, 略語などによる説明）－（必要により英語または仏語表記・略語）－必要により「；」で仕切り用例など－（必要により品詞・分野表示）

例：**Sperrventil** 中 逆止弁（チェック弁, 遮断弁）, 類 Rückschlagventil 中, check valve, non-return valve, shut-off valve〖機械関係語〗

11. 見出し略語の内容表示は, 原則として以下の配列表示とした.
見出し独略語（または英仏語略語）＝独語内容全文表記（または英仏語内容全文表記）＝必要により独語内容全文表記（または必要により英仏語内容全文表記）＝［必要により独英語類義語・同義語, 関連語・（見出し）略語などによる説明］－和文訳名－（必要により和文関連語, 別名, 語の説明・補足）

12. 説明文の文頭語および単語については, 見つけやすさ, 読みやすさを考え, 必要により適宜太字として表示した. またその項の当該語にはアンダーラインを付けた.

目　　次

1.　動詞（Verb），助動詞（Hilfsverb） ··························· 1

1-1　入れる，入る，出す，装入，供給装置などの語 ··················· 1

1-2　書き留める，記入する，記録するなどの語 ················· 3

1-3　2格，3格支配動詞 ···································· 3

1-4　区別する，分類する，分けるなどの語 ···················· 5

1-5　語中に –u– が挟まる語 ······························ 6

1-6　再帰動詞の用法 ································· 6

1-7　刺し込む，差し込むの動詞 ························· 7

1-8　自動詞から他動詞へのウムラウトによる変換·············· 8

1-9　従事する，参画する，行うなどの語 ···················· 8

1-10　証明する ··································· 9

1-11　助動詞の比較；規格類，技術資料などの「要求事項」で用いられる
　　　助動詞の適切な訳し方 ························· 9

1-12　接続する ································· 10

1-13　代替する，置き換える，代理するなどの語 ············· 10

1-14　調整する ····························· 11

1-15　到達する，達成する，獲得するなどの語 ·············· 11

1-16　〜より成っている，〜から造られている，形づくる，備えつけるの語
　　　（ausbilden, ausrüsten, bestehen, gestalten ほか） ·············· 12

1-17　名づける，〜と表わす，〜と呼ぶの語 ················ 13

1-18　秤量する ····························· 14

1-19　分詞構文（wenn などとの関係を説明） ················ 14

1-20　守る，防ぐなどの動詞 ······················ 15

1-21　満たす ······························ 16

1-22　問題である（kommen in Frage ほか）················ 16

1-23　〜を抑制する，〜を寄せ付けない（sich erwehren, sich entziehen）·· 17

1-24　abdecken······························ 17

1-25　anordnen····························· 17

1-26　arbeiten····························· 18

1-27　bauen····························· 18

v

目　　次

1-28　beabstehen, beabstanden（辞書にあまり載っていない動詞）‥‥‥‥ 18

1-29　beaufschlagen（独特のフレーズ的な表現で用いられる）‥‥‥‥‥ 19

1-30　begrenzen‥‥‥‥‥‥‥‥‥‥‥‥‥‥‥‥‥‥‥‥‥‥‥‥‥‥ 19

1-31　berauben‥‥‥‥‥‥‥‥‥‥‥‥‥‥‥‥‥‥‥‥‥‥‥‥‥‥‥ 20

1-32　bestehen‥‥‥‥‥‥‥‥‥‥‥‥‥‥‥‥‥‥‥‥‥‥‥‥‥‥‥ 21

1-33　dienen, bedienen, Dienst‥‥‥‥‥‥‥‥‥‥‥‥‥‥‥‥‥‥ 21

1-34　dürfen‥‥‥‥‥‥‥‥‥‥‥‥‥‥‥‥‥‥‥‥‥‥‥‥‥‥‥‥ 22

1-35　entfallen（適訳がなかなか見つからない自動詞）‥‥‥‥‥‥‥‥ 22

1-36　entfernen‥‥‥‥‥‥‥‥‥‥‥‥‥‥‥‥‥‥‥‥‥‥‥‥‥‥ 23

1-37　entwickeln‥‥‥‥‥‥‥‥‥‥‥‥‥‥‥‥‥‥‥‥‥‥‥‥‥‥ 23

1-38　erfolgen‥‥‥‥‥‥‥‥‥‥‥‥‥‥‥‥‥‥‥‥‥‥‥‥‥‥‥ 24

1-39　ermöglichen, vermeiden, sichern, sorgen, abdichten, verhindern,
　　　aufnehmen などの訳し方‥‥‥‥‥‥‥‥‥‥‥‥‥‥‥‥‥‥‥ 24

1-40　finden‥‥‥‥‥‥‥‥‥‥‥‥‥‥‥‥‥‥‥‥‥‥‥‥‥‥‥‥ 26

1-41　fort（前綴り）で始まる動詞‥‥‥‥‥‥‥‥‥‥‥‥‥‥‥‥‥ 26

1-42　gleichen‥‥‥‥‥‥‥‥‥‥‥‥‥‥‥‥‥‥‥‥‥‥‥‥‥‥‥ 26

1-43　helfen‥‥‥‥‥‥‥‥‥‥‥‥‥‥‥‥‥‥‥‥‥‥‥‥‥‥‥‥ 27

1-44　heraus-（前綴り）で始まる動詞‥‥‥‥‥‥‥‥‥‥‥‥‥‥‥ 27

1-45　herstellen‥‥‥‥‥‥‥‥‥‥‥‥‥‥‥‥‥‥‥‥‥‥‥‥‥‥ 27

1-46　hervor-（前綴り）で始まる動詞‥‥‥‥‥‥‥‥‥‥‥‥‥‥‥ 28

1-47　induzieren‥‥‥‥‥‥‥‥‥‥‥‥‥‥‥‥‥‥‥‥‥‥‥‥‥‥ 28

1-48　justieren‥‥‥‥‥‥‥‥‥‥‥‥‥‥‥‥‥‥‥‥‥‥‥‥‥‥‥ 28

1-49　kommen（いわゆる機能動詞として使われることの多い動詞）‥‥‥‥ 28

1-50　lassen‥‥‥‥‥‥‥‥‥‥‥‥‥‥‥‥‥‥‥‥‥‥‥‥‥‥‥‥ 29

1-51　lehnen‥‥‥‥‥‥‥‥‥‥‥‥‥‥‥‥‥‥‥‥‥‥‥‥‥‥‥‥ 31

1-52　lösen‥‥‥‥‥‥‥‥‥‥‥‥‥‥‥‥‥‥‥‥‥‥‥‥‥‥‥‥ 31

1-53　nachfolgen‥‥‥‥‥‥‥‥‥‥‥‥‥‥‥‥‥‥‥‥‥‥‥‥‥‥ 31

1-54　nachführen（辞書に載っていないが使われることの多い動詞）‥‥‥‥ 32

1-55　neigen‥‥‥‥‥‥‥‥‥‥‥‥‥‥‥‥‥‥‥‥‥‥‥‥‥‥‥‥ 32

1-56　ragen（さまざまな前綴りがポイント）‥‥‥‥‥‥‥‥‥‥‥‥ 33

1-57　reichen‥‥‥‥‥‥‥‥‥‥‥‥‥‥‥‥‥‥‥‥‥‥‥‥‥‥‥‥ 33

1-58　richten‥‥‥‥‥‥‥‥‥‥‥‥‥‥‥‥‥‥‥‥‥‥‥‥‥‥‥‥ 34

1-59　rühren と綴りが類似していて，間違えやすい動詞‥‥‥‥‥‥‥‥ 34

目　次

1-60	sehen ・・	34
1-61	sollen ・・	35
1-62	treffen ・・・	37
1-63	über-（前綴り）で始まる動詞・・・・・・・・・・・・・・・・・・・・・・・・・・	37
1-64	umschlingen・・・・・・・・・・・・・・・・・・・・・・・・・・・・・・・・・・・・・・・	38
1-65	unter-（前綴り）で始まる動詞・・・・・・・・・・・・・・・・・・・・・・・・・	38
1-66	unterliegen（3格支配動詞）・・・・・・・・・・・・・・・・・・・・・・・・・・	39
1-67	unterwerfen, unterziehen ・・・・・・・・・・・・・・・・・・・・・・・・・	39
1-68	verlaufen・・・	40
1-69	verstehen, beschreiben ・・・・・・・・・・・・・・・・・・・・・・・・・・・	40
1-70	versuchen, untersuchen ・・・・・・・・・・・・・・・・・・・・・・・・・・・	41
1-71	vorsehen ・・・	42
1-72	weisen ・・・	42
1-73	etwas$^{(3)}$ zukommen, Es kommt zu $^{\sim+3}$（極めてドイツ語的な表現）・・・	42
1-74	zuordnen, vorordnen, nachordnen（当てはまることの多かった訳語を提示）・・・・・・・・・・・・・・・・・・・・	43

2. 名詞（Substantiv）・・・・・・・・・・・・・・・・・・・・・・・・・・・・・・・・・ 45

2-1	化学物質関係の名詞の語尾の独英比較 ・・・・・・・・・・・・・・・・・・	45
2-2	角度の語（123の関連語を掲載）・・・・・・・・・・・・・・・・・・・・・・・・	46
2-3	稼動の語 ・・	51
2-4	カム類の語 ・・	52
2-5	間隔・・	52
2-6	制御，作動，挙動などの関連用語 ・・・・・・・・・・・・・・・・・・・・・	53
2-7	ぎりぎりの，できるだけの意味を有する名詞，関連語・・・・・・・・	54
2-8	公称，定格，標準化の語 ・・・・・・・・・・・・・・・・・・・・・・・・・・・・	55
2-9	軸受，軸，駆動，伝動関係語（86例を掲載）・・・・・・・・・・・・・・	55
2-10	循環を表わす語 ・・・・・・・・・・・・・・・・・・・・・・・・・・・・・・・・・・・	60
2-11	順番，サイクル，シーケンスなどの語 ・・・・・・・・・・・・・・・・・・	60
2-12	シリカゲル，シリカの類語 ・・・・・・・・・・・・・・・・・・・・・・・・・・・	61
2-13	ずれの表現 ・・・・・・・・・・・・・・・・・・・・・・・・・・・・・・・・・・・・・・・	61
2-14	接続部位・部品類およびそれらの中で訳語である日本語の発音が似ているため間違えやすい語・・・・・・・・・・・・・・・・・・・・・・・・・・	62

vii

目　次

2-15	槽の表現	63
2-16	タンブラー類	64
2-17	男性名詞の性，および間違えやすい名詞の性	65
2-18	着脱・出入・供給排出の対の語	68
2-19	直線の語	68
2-20	動詞から名詞が作られる形式	68
2-21	ねじ，ピン，ボルト，ナット，ニップル類（169 の関連語を掲載）	70
2-22	バー，アーム，ステアリング，リンク類	77
2-23	波形の語	77
2-24	歯車関連語（149 語を掲載）	78
2-25	橋の種類・名称（独和英の関係を確認した）	84
2-26	光・色の単位を表わす語	84
2-27	ヒンジ，ジョイント，リンクほかの語	85
2-28	付着・集塊・堆積・閉塞関係語	85
2-29	弁・バルブ類（182 語を掲載）	87
2-30	ポンプ類（64 語を掲載）	94
2-31	流入口，排出口の語	97
2-32	例外	97
2-33	ろ過関係の語	98
2-34	Ab- 前綴りの語	99
2-35	An- 前綴りの語	100
2-36	Anlage-，Auflage- の複合語，Ablage および Anlage と Anstellung の関連について	101
2-37	Auf- 前綴りの語	103
2-38	Bau で始まる関連語	103
2-39	Beschaffung と Beschaffenheit	104
2-40	英 独 Block を含む語の整理	104
2-41	Deckung	105
2-42	Folge 関係	105
2-43	Form	105
2-44	Größe	106
2-45	Kehrung 関係	107
2-46	längs, Länge, lang-	107

2-47	Maßstab（プラントの大きさを例にして大小表示の比較）・・・・・・・・・	108
2-48	Meldung 類 ・・	109
2-49	-nis の語の性 ・・	109
2-50	Ofen ・・・	109
2-51	Rahmen ・・	111
2-52	Regel ・・・	111
2-53	Satz（主に使われている 15 種を示した）・・・・・・・・・・・・・・・・・・・	111
2-54	Schlag（主に使われている 9 種を示した）・・・・・・・・・・・・・・・・・・・	112
2-55	Schleppen ・・・	113
2-56	Setz 類 ・・・	114
2-57	Stand ・・	114
2-58	Stein 類 ・・	115
2-59	Stellung, stellen, Stelle ・・・・・・・・・・・・・・・・・・・・・・・・・・・・・・	115
2-60	Stempel と似た関連語・・・・・・・・・・・・・・・・・・・・・・・・・・・・・・・・・・	116
2-61	Steuer ・・・	117
2-62	Strecke ・・・	117
2-63	Taste ・・・	117
2-64	Trans- のバイオほかの関連語 ・・・・・・・・・・・・・・・・・・・・・・・・・・・	118
2-65	Überschreitung の訳し方（名詞化文体）・・・・・・・・・・・・・・・・・・・	118
2-66	Verfolgung ・・	119
2-67	Verschluss, Schluss, verschloss, Schloss 類の語 ・・・・・・・・・・・	119
2-68	Verständnis ・・・	119
2-69	Vor- 前綴りの語 ・・・・・・・・・・・・・・・・・・・・・・・・・・・・・・・・・・・・・	119
2-70	Zeit 関係の語 ・・・・・・・・・・・・・・・・・・・・・・・・・・・・・・・・・・・・・・・	120

3. 形容詞（Adjektiv），副詞（Adverb），不定代名詞，相互代名詞，不定数詞・・・ 121

3-1	3 格，2 格支配の形容詞・副詞・・・・・・・・・・・・・・・・・・・・・・・・・・・・	121
3-2	完全な ・・・	121
3-3	規定・規則どおりの語 ・・・・・・・・・・・・・・・・・・・・・・・・・・・・・・・・・	121
3-4	形容詞で注意すべき格変化（中性および男性単数の 2 格）・・・・・・・・・・	122
3-5	形容詞としての都市名・年代数字の格変化 ・・・・・・・・・・・・・・・・・・	122
3-6	形容詞の名詞化の例 ・・・・・・・・・・・・・・・・・・・・・・・・・・・・・・・・・・・	122
3-7	形容詞の訳し方（名詞・副詞への変換）・・・・・・・・・・・・・・・・・・・・・・	123

ix

目　次

3-8　後曳副詞 ･･･ 123

3-9　「好ましくは」の表現法（ニュアンスの比較）･･････････････････ 124

3-10　～支援の，～ベースの，-gestützt, -unterstützt, -basiert ･･････ 124

3-11　水分の多い，水のような ･････････････････････････････････ 125

3-12　全ての ･･ 125

3-13　相互代名詞　einander 類･･････････････････････････････ 125

3-14　「だんだん～に」の immer の用法･･････････････････････････ 126

3-15　「追加」の語･･･ 126

3-16　必要な，絶対必要な，欠くことのできない，取るに足らない ･･････ 127

3-17　頻度・発生状況・可能性・危険度の段階を表わす語の比較･･････ 127

3-18　副詞および前置詞目的語などの，未来分詞・現在分詞・過去分詞・
　　　形容詞ほかに対する使用法（冠飾句における）･･･････････････ 128

3-19　a-, -an（接頭辞の用法）･････････････････････････････････ 129

3-20　all（不定代名詞・不定数詞の用法）･････････････････････････ 129

3-21　-bar, -fähig の語 ･･････････････････････････････････････ 130

3-22　-bedingt の語･･･ 131

3-23　～ davon（それの，そこから，それについて）（副詞）････････････ 131

3-24　dick, dicht･･･ 132

3-25　-förmig の類 ･･･ 132

3-26　-freundlich の語 ･･････････････････････････････････････ 132

3-27　-gerecht, -recht ･･････････････････････････････････････ 133

3-28　gesamt, insgesamt ･･･････････････････････････････････ 133

3-29　keine（否定を表わす複数形の否定冠詞）･････････････････････ 134

3-30　-maßen, -mäßig の語 ･･･････････････････････････････････ 134

3-31　mehr, mehrere･･･ 135

3-32　nicht の用法 ― 綴りの前に nicht をつける語，および冠飾句内で
　　　使われる nicht の例･････････････････････････････････････ 135

3-33　nur noch の用法･･････････････････････････････････････ 136

3-34　-orientiert 類 ･･ 136

3-35　per-, post-, retro-, trans- などの特に医薬関連の接頭辞 ･････ 137

3-36　Richtung と方向を表わす形容詞・副詞の用法･･･････････････ 138

3-37　rund, Rund, Runde ･･･････････････････････････････････ 140

3-38　-schlüssig の語 ･･････････････････････････････････････ 140

目　次

3-39	-seitig	140
3-40	selbst の用法（二つの用法）	141
3-41	sich をとる現在分詞の冠飾句	143
3-42	-spezifisch の語	143
3-43	-üblich	143
3-44	-weise, Weise の用法	144
3-45	zugewandt, abgewandt	145

4. 前置詞（Präposition） ………………………………… 146

4-1	事物の量・内容・関係を表わす an の使用法	146
4-2	動詞との関連での an の用法	147
4-3	auf の用法	147
4-4	seit（～以来）の表現および将来を表わす語句	148
4-5	um の用法	148
4-6	～ von ～の形	148
4-7	wegen	149
4-8	zu の用法	149
4-9	zugunsten	150

5. 接続詞（Konjunktion） ………………………………… 151

5-1	「～の場合に」の語	151
5-2	dass：二つ dass 構文より成る文	151
5-3	gleich ～ wie ～, so ～ wie ～ 従属接続詞	151
5-4	je ～（副詞と従属接続詞として）の用法	152
5-5	nicht ～, sondern ～；nicht nur ～, sondern（auch）～	153
5-6	ohne ～（接続詞としての）の用法 　（zu を持つ不定詞または dass 文とともに使われる）	154
5-7	so ～, dass ～ の用法	154
5-8	solange ～（従属的接続詞および副詞として）の用法	155
5-9	sowohl ～ als auch ～ の用法	155
5-10	zumal ～（従属接続詞として）の用法	156
5-11	weder ～, noch ～ の用法	156

目　次

6. 有用なフレーズ・表現 ・・・・・・・・・・・・・・・・・・・・・・・・・・・・・・ 158

6-1　Es gibt ～ の文 ・・・・・・・・・・・・・・・・・・・・・・・・・・・・・・ 158

6-2　Es handelt sich um etwas および Es geht um etwas の文 ・・・・・・・ 158

6-3　Faktor，Vielfaches を使った als を含む比較構文・・・・・・・・・・・・ 158

6-4　～ führen zu etwas[3] ・・・・・・・・・・・・・・・・・・・・・・・・・・・ 159

6-5　zur Verfügung stellen，zur Verfügung stehen ・・・・・・・・・・・・ 159

6-6　Wieviel von welchen Verbindungen nehmen die Bäume aus der Luft auf？・・・・・・・・・・・・・・・・・・・・・・・・・・・・・・・・・・ 160

6-7　短いフレーズ表現 ・・・・・・・・・・・・・・・・・・・・・・・・・・・・・・ 160

7. カタログで多用される表現 ・・・・・・・・・・・・・・・・・・・・・・・・・ 164

7-1　記載内容変更の可能性について ・・・・・・・・・・・・・・・・・・・・・ 164

7-2　契約・版権・著作権・・・・・・・・・・・・・・・・・・・・・・・・・・・・・ 164

7-3　広告・宣伝のフレーズ・・・・・・・・・・・・・・・・・・・・・・・・・・・ 165

7-4　装備・性能・製品範囲・・・・・・・・・・・・・・・・・・・・・・・・・・・ 166

7-5　代理店，コンタクト先，問い合わせ先，情報入手関連・・・・・・・・・ 167

7-6　注文・引き取り・クレーム・価格・・・・・・・・・・・・・・・・・・・・・ 168

7-7　P/L（製造物責任）表現 ・・・・・・・・・・・・・・・・・・・・・・・・・・ 169

8. 論文投稿要領で使われる表現 ・・・・・・・・・・・・・・・・・・・・・・・・ 170

9. 論文の文末などでの謝辞の表現 ・・・・・・・・・・・・・・・・・・・・・・・ 171

10. 会社の出張精算要領などで使われる表現・・・・・・・・・・・・・・・・・・ 172

11. 図表・グラフ・数式などで使用される表現
（図表・グラフ関連語 124 語，数式関連語 126 語を掲載）・・・・・・・・・・・ 173

12. 文中での単語・フレーズなどの省略の仕方 ・・・・・・・・・・・・・・・・・ 185

13. 申し込みのレター文例 ・・・・・・・・・・・・・・・・・・・・・・・・・・・・ 186

14. コンピュータ関連で多用される表現 ・・・・・・・・・・・・・・・・・・・・ 188

15. 特許明細書の構成，特許関連の語・文章・略語 · 190

16. 分綴・シラブル（Silbentrennung） · 199

主要参考文献 · 201

1．動詞（Verb），助動詞（Hilfsverb）

1-1 入れる，入る，出す，装入，供給装置などの語

　極めて基本的な語ではあるが，頻繁に出てくるので，その用法には慣れる必要がある．

1）入れる，入る

anstechen　（ロールに）入る

einbringen　持ち込む；die in die Hochofenschlacke eingebrachten Gehalte an SiO$_2$　高炉スラグ中に持ち込まれた SiO$_2$ の含有量

eindringen　押し入る；Man kann diesen Gedanken nicht tief in uns eindringen lassen.　この考えを我々に深くは浸透させることはできない．

einfädeln　通す（thread）

einführen　入れる（輸入する）；Kaltstrangeinführung 女 ダミーバーの挿入〔関連名詞〕

eingeben　入力する；Eingabegröße 女，類 Eingangsgröße 女 入力変数，input parameter

einlassen　入れる；Lufteinlassrichtung 女 空気の取り入れ方向，air intake direction

einlaufen　流入する；das Dickenprofil des einlaufenden Bandes　入ってくるストリップ（帯鋼）の厚みプロフィール，thickness profile of entering strip；Einlaufreihenfolge 女　入ってくる順番，running-in order

einleiten　導入する；Gaseinleitung 女　ガスの導入，gas feeding

einsaugen　吸い込む（吸引する）

eintragen　装入する（持ち込む）；～in die Koksofenkammer eingetragen wird.　コークス炉チャンバーへ装入される．

eintreten　入る（起こる，生じる，踏み入れる）；Lufteintritt 男　空気の侵入，air entering

Zutritt 男　入ること〔関連名詞〕；Zwei Deckscheiben schützen die Lager vor dem Zutritt von festen Verunreinigungen.　二つのカバーディスクによって，軸受への固形汚染物の侵入が防がれる．

1. 動詞 (Verb), 助動詞 (Hilfsverb)

2) 出る，出す

absaugen 吸い取る (真空にする)

Abstich 男 出鋼 (出銑) 〔関連名詞〕

ausfädeln 抜き出す

ausführen 輸出する (実行する，設計する)

ausgeben 発行する；Ausgabe 女 出力，output

auslassen （水などを）出す；Luftauslassrichtung 女 排気方向，direction of air discharge

auslaufen 流れ出る (摩滅する)；Auslauf 流出口〔(コンピュータの) ゲート〕，outlet, discharge

austreten 出て行く；Austritt 男 漏出 (出血)，withdrawal, leakage；Durchtritt 男 漏出，passing

3) 「装入する」「投入する」の関連名詞

Begichtung 女 （鉱石の高炉などへの）装入，charging

Beschickung 女 装填，feeding, charging；Beschickung der Anlage 設備の装填；die mit den Beschickungsmaterialien absinkenden Stoffe 装入材料と一緒に下降する元素 (材料)

chargieren 装入する；Chargierpfanne 女 注銑鍋，charging ladle

Einsatz 男 投入 (使用)，application, use；unter härtesten Einsatzbedingungen 非常に厳しい使用・投入条件で；Einsatzmischung 女 投入ミックス，application mix

Möller 男 （高炉などの）装入物，burden, charge

4) 「供給する」などの関連名詞 (供給装置など)

Aufgabebett 中 フィーダーベッド，feeder bett

Ausgleichrichter 男 サージホッパー，surge hopper

Förderanlage 女 コンベヤー，類 Förderer 男，conveyer

Kettenfördersystem 中 バケットコンベヤーシステム，bucket conveyor system, chain conveyor system

Kippkübel 男 （高炉などの）スキップカー，skip car

Probenzuführsystem 中 テストピース供給システム，specimen feed system

1-3　2格，3格支配動詞

Probenauffangeinrichtung 女　テストピース収集・採取装置, specimen collecting system

Zubringer 男　送り装置（フィーダー）, feeder

1-2　書き留める，記入する，記録するなどの語

この種の動詞は，よく用いられるので，区別して覚える必要がある.

bezeichnen　記号をつける（bezeichnen については，名づける，～と表わす，として別項 1-18 にまとめた）

einlesen　詳しく読む

eintragen　書き込む

Eintrag in das Buch 男　その本への記入〔関連名詞〕

einzeichnen　描き込む

festhalten　書き留める

Langzeitaufzeichnung 女　長時間記録, long-term recording〔関連名詞〕

Protokoll 中　記録, protocoll〔関連名詞〕

Protokollierung 女　記録を作ること, recording〔関連名詞〕

verzeichnen　記録する

1-3　2格，3格支配動詞

格支配動詞はドイツ語を勉強するうえで，ポイントとなる一つである. 3 格支配のものは，71 個あるといわれているが，ここではよく用いられるものを示す. なお厳密には 3 格支配といえない場合についても，利用上の観点からこの項では「動詞」のアルファベット順に示した（すなわち etwas etwas$^{(3)}$（または jemandem）動詞などの場合も含めた）.

1）2格支配

Die Modelmaus erlaubt, sich der Krankheit zu <u>erwehren</u>.　そのモデルマウスによって，（結果として）その病気が抑制される. ここの der Krankheit は，2 格である. ほかに bedürfen, berauben, brauchen などがある.

2）3格支配

Öfen <u>dienen</u> der Wärmebehandlung.　炉が熱処理に使われる（炉で熱処理を行なう）.

動詞 (Verb)，助動詞 (Hilfsverb)

1. 動詞 (Verb), 助動詞 (Hilfsverb)

Wie der Tafel zu <u>entnehmen</u> ist, ～　表から推定されるように，～

Es muss den Angaben <u>entsprechen</u>.　その課題に対応しなければならない.

～ einem zweitägigen Ofenprotokoll <u>entstammen</u>.　2日間の炉の操業記録に由来する.

Das <u>entzieht</u> sich der Berechnung.　それについては，予断は許されない.

Diese Systeme müssen höchsten Anforderngen <u>genügen</u>.　これらのシステムを適用することにより，非常に高い要求を満足させる必要がある.

Das Buch <u>geht</u> folgenden Fragen <u>nach</u>.　その本では以下の問題を調査・探求している.

Dem Schweißer <u>obliegt</u> eine Aufsicht.　溶接者には監視が義務づけられている.

der Tatsache Rechnung <u>tragen</u>.　その事実を計算に入れる・酌量する.

Die Art der Schweißung bleibt dem Hersteller <u>überlassen</u>.　溶接方法については，施工者の判断に委ねられている.

Es bleibt ihm <u>überlassen</u>, was ～　～は彼に任せられている.

<u>Unterlaufen</u> dem Schweisser die Fehler, darf mit Zustimmung ～　溶接施工者がたまにはミスをすることもあるが，～との合意で～

Die Anlage <u>unterliegt</u> keiner Genehmigungspflicht.　その設備には，認可義務がない.

Um dem Erreichen von Stellgrenzen <u>vorzubeugen</u>, ～　コントロール限界に達するのを防ぐために，～

Kreiselpumpe mit einer dem Pumpenlaufrad <u>vorgeschalteten</u> Zerkleinerungseinrichtung.　インペラーの前に破砕装置が取り付けられている遠心ポンプ.

Die Temperatur wird den Brammen <u>zugeordnet</u>.　その温度は，スラブと関係づけられている (それはそのスラブの温度である).

その他, anpassen, angleichen, folgen, gefallen, helfen, nachfolgen, nachführen, nachordnen, vorordnen などがある. なお, nachfolgen, nachführen, nachordnen, vorordnen, zuordnen については, さらに, 別項にてまとめを行なった.

3) 3格をとる自動詞の受動形

　3格をとる自動詞の受動形で, 倒置 (定動詞第2位の原則) または後置の場合には, いわゆる仮主語の es が, 省略されるが, 3格の訳し方と相まってなじみが

少ないと思われるので，気をつけたい．なお，ここで使用されている nachführen については，一般・専門辞書を問わず，載っていないことが多いので，別項 1-55 にまとめた．

〚nachgehen の例〛

So wurde der Frage nach Rückständen nachgegangen. 残渣に関する問題の調査を行なった（調査が行なわれた）．

〚nachführen の例〛

～, dass bei der Kantenbearbeitung den Höhentoleranzen der Werkstücke nachgeführt wird. エッジ加工は，工作物の高さの許容誤差に適合するように行なう（許容誤差との整合性・適合性を持たせて行なう）．

〚vorbeugen の例〛

Auf diese Weise wird möglichen Flammenrückschlagen wirksam vorgebeugt. このようにして，生じるかもしれない逆火を有効に予防できる．

4）auf をとる自動詞受動形の例

Auf eine Zuordnung der Teilung zum Werkstückdurchmesser wurde verzichtet, da ～ ～なので，その工作物直径のピッチに関しては，放棄（削除）した．本文は，上記 3）との関連で示したもので，auf $^{+4}$ をとる自動詞受動形の倒置の例で，仮主語の es が省略されている．

1-4 区別する，分類する，分けるなどの語

differenzieren 区別する（微分する）

gliedern 整理する（組織する，編成する）

klassieren 分類する（大きさで分ける）；～ klassieren in Intervalle von ～ ～の間隔で分ける．

klassifizieren 分類する；Inspektionssysteme, die frühestmöglich die Fehler klassifizieren. できるだけ早く欠陥を分類する検査システム．

sondern 分ける（離す）；Diese Prüfproben sind in der Prüfungsbescheinigung gesondert anzugeben. これらのテストピースは，テスト証明書の中で，分けて申告しなければなりません．

sortieren 分類する（整理する）；nach Prioritäten sortieren. 優先度にしたがって，分類する．

trennen 分ける

unterschieden 区別する；Die hochlegierten Stähle unterscheiden sich von den niedriglegierten Stählen durch den Gesamtanteil der Legierungszusätze von über 5 %. 高合金鋼と低合金鋼は，合金元素添加総量が5％を超えるか否かで，区別する．

1-5 語中に -u- が挟まる語

ドイツ語の発音の関係上，我々がスペルで落としやすいものに，以下の -u- があるので，発音と併せて覚えたい．

fokusieren 焦点をあてる

globulitisch 球形の

konstituieren 設立する

konstruieren 設計する（組み立てる）

konstruktiv 構造上の（設計上の）〔形容詞・副詞例〕

kumulativ 累計の〔形容詞・副詞例〕

niedermolekular 低分子の〔形容詞・副詞例〕

Simulation 女 シミュレーション，類 Hochrechnung 女，simulation（名詞例）

Struktur 女 構造（組織）（名詞例；発音からkのあとにuを入れないように注意）

substituieren 取り替える（代理させる，置換する）

texturieren 組織する

Triangulation 女 三角網（三角測量の），triangulation（名詞例）

zirkulieren 循環する

1-6 再帰動詞の用法

ドイツ語で再帰動詞の占める割合は重要で，また，他動詞を自動詞にする一つの方法でもあり，sich の文中での位置も含めて，慣れる必要があるので，思い浮かぶよく使われる例を，動詞のアルファベット順にいくつか示す．

Die Endschlacken zeichnen sich durch die phosphorangereicherten Phasen aus. 終点スラグの特徴は，Pの富化した相を含むことである．sichは，定動詞のすぐあとに置かれる．

Es gibt bereits eine Reihe von Prozessen, die sich in einer fortgeschrittenen Entwicklungsphase befinden. 進んだ開発段階にある一連のプロセスが，すでに存在している．

1-7 刺し込む，差し込むの動詞

Die Rechnung <u>beläuft sich</u> auf 500 €. 勘定書は 500€ である.

BRD hat <u>sich</u> an der Entwicklung <u>beteiligt</u>. ドイツ連邦共和国は，その開
発に参画した.

Die wirtschaftlichen Chancen <u>stellen</u> <u>sich</u> am günstigsten <u>dar.</u> この
経済的なチャンスは，非常に有望と思われる.

**Wenn <u>sich</u> das Unternehmen <u>entschließt</u>, noch ein neues Verfahren
zu entwickeln, ～.** もしその企業が，なおも新しいプロセスを開発すること
を決定したら，～. sich は，副文では，従属接続詞のすぐ後ろに置かれる
文例である.

Durch Messung <u>ergeben</u> <u>sich</u> die Hinweise auf die Verteilung. 測定に
より，分布に関するヒントが得られる.

**～, da früher angegebene Empfehelungen <u>sich</u> nicht in allen Anwen-
dungsgebieten als sinvoll <u>erwiesen</u> haben.** 以前提示した推奨法は，
全ての適用領域で意味があるとは思えないことが明らかになったので，～.
なお，ここの sich の位置にも気をつけておきたい，sich は，通常 da のすぐあ
とにくるが，この文例では，sich は主語のあとに置かれている，これは，主
語である früher angegebene Empfehelungen を強調するため，もしくは ange-
gebeme との関係でその sich ではないことを表わすためと思われる.

**<u>Setzen</u> <u>sich</u> die Preissteigerungen in der bisherigen Weise <u>fort</u>, so
könnte die Kohlenveredelung etwa 2030 wirtshaftlich werden.** 物
価の上昇がこのままこれまでのように続くとすると，石炭の液化・ガス化処理は，
ほぼ 2030 年には経済性を持つに至るであろう（分詞構文）.

In den letzten 10 Jahren hat <u>sich</u> der Kostenvorsprung <u>halbiert</u>. この
10 年間にコストの優位性は半減した.

本項では，清野智昭『中級ドイツ語のしくみ』白水社，p.235 を参考にさせてい
ただいた.

1-7 刺し込む，差し込むの動詞

einstechen 刺し込む.

einstecken 差し込む.

日本語で書くとわかりやすいが，両者を間違えないようにしたい．これと関連し
た名詞としては，次のようなものがある.

Einstechschleifen 中　　プランジカット研削（送り込み研削）, plunge cut grinding

Einsteckheber 男　　つめ付きジャッキ, bumper jack

Einsteckzapfen 男　　ソケットピン, socket pin

Einstich 男　　穿刺, recess, paracentesis

Einstichdurchmesser 男　　切り込み直径, recess bore

Einstichpunkt 男　　センターポイント, cutter infeed point

1-8　自動詞から他動詞へのウムラウトによる変換

ウムラウトによる変換には，次のような例がある.

flammen 自　　燃える, flame

flämmen 他　　燃やす, scorch

ausfallen 自　　沈殿する, deposit

ausfällen 他　　沈殿させる, settle

一方，ウムラウトによって変換されない例としては，次のものがある.

abflachen 他 自　　平たくする（平らになる）（この例では，ウムラウト変換すると，別の意味になる, abflächen 他　　傾斜させる，表面仕上げする）.

ウムラウトによらず，母音の変化によって変換される例としては次がある.

absinken 自　　下がる, fall

absenken 他　　下げる, lower

1-9　従事する，参画する，行うなどの語

arbeiten an 〜　　〜に従事する；An einer Vereinheitlichung wird gearbeitet. 規格統一に従事した.

beschäftigen　　働かせる；VSG ist damit beschäftigt, Fertigstraße zu verbessern. VSG 社は，仕上げラインの改善に努めてきている.

beteiligen　　参画する；Die Firma hat sich an der Entwicklung beteiligt. その会社はその研究開発に参画した.

「行う」をあらわす動詞としては，次がよく用いられる.

ablegen　　行う（片づける）

ausführen　　実行する（詳説する）

durchführen　　実行する（実施する；テストもしくは研究の実施ということでよく用いられる）

1-11　助動詞の比較

tätigen	実行する（契約する）			

treffen　なす（執り行う）

1-10　証明する

belegen　証明する；Die Versuche belegen die These, dass ～　その研究によって，dass 以下のテーマが証明される．

Beweis　㊚　証明，certification；Hier wurde unter Beweis gestellt, dass ～　ここで dass 以下のことが証明された；Eindrucksvolle Beweise hierfür sind ～　これに対する印象深い証拠は，～．

nachweisen　証明する

なお上記の belegen 関連で，Ofenbelegung という語があるが，証明ではなく，炉の負荷・占有率，または炉の配置（図）という意味である．

1-11　助動詞の比較；規格類，技術資料などの「要求事項」で用いられる助動詞の適切な訳し方

　規格類，技術資料などの「要求事項」で，用いられる助動詞については，規格類，技術資料の翻訳の上で，技術的に極めて重要なので，そのニュアンスを以下に整理した．

müssen	指示または要求	～にしなければならない． ～とする．	規格に適合するためには厳密にこれに従い，これから外れることを認めない．	㊍ shall
dürfen nicht	禁止	～してはならない． ～しない．	同上	㊍ shall not
sollten	推奨	～することが望ましい． ～するのがよい．	このほかでもよいが，これが特に適しているとして示す．またはこれが好ましいが，必要条件とはしない．	㊍ should
sollten nicht	緩い禁止	～しないほうがよい．	これは好ましくはないが，必ずしも禁止しない．	㊍ should not
dürfen	許容	～してもよい． ～差し支えない．	規格の立場に立って，これを許すことを示す．	㊍ may
brauchen nicht ～zu	不必要	～する必要がない． ～しなくてもよい．	規格の立場に立って，これを許すことを示す．	㊍ need not

本表は，DIN 820-2（Jan. 2000）Normungsarbeit Teil 2；Gestaltung von Normen および，JIS Z 8301（2000）規格票の様式をもとに作成した．なお，sollen の用法については 1-62 を参照願います．

1-12　接続する

「接続する」「結び付ける」は，電気関係のみならずよく出てくるので注意したい．

abbinden　固化する（はずす，ゆるめる）

abschalten　スイッチを切る

anbinden　結び付ける

angeschlossen；direkt angeschlossene Terminals an ～　～と直接結びつけられたターミナル〔関連形容詞・副詞〕

anschalten　スイッチをひねってつける

binden　結ぶ

knüpfen　結び付ける

koppeln　結合する（接続する）

〚関連名詞〛

Anschluss［男］　接続；ISDN-Anschluss　ISDN 接続，connection

Doppelschlinge［女］　二重係蹄〔医薬関係語〕

Ligutur［女］　結紮法〔医薬関係語〕

Schaltbild［中］　回路図，circuit diagram

Schalter［男］　スイッチ（改札口，窓口），switch

Schaltschrank［男］　配電盤格納箱，control cabinet，switch cabinet

Umschaltung［女］　切り替え，switching

Verkettung［女］　連結（連続），chain，link

Verklebung［女］　接合継手，bonded joint

Verknüpfung［女］　結合（連結），link

1-13　代替する，置き換える，代理するなどの語

ersetzen　代替する

stellvertretend　代理の〔関連形容詞・副詞〕

substituieren　取り替える（代理させる，置換する）

übergehen　移動する

überführen　移動させる

umlagern　置き換える

1-15 到達する，達成する，獲得するなどの語

umsetzen 転換する（変更する，変換する，合成する，実現する，適用する）

umwandeln 転換する（変換する，変態する）；Umwandlungstemperatur
女 変態温度

verlagern 置き換える

vertretbar 代わりとなる（代替の）〔関連形容詞〕

これらは，状況説明によく出てくる語であり，使い分けに注意したい．

1-14 調整する

abstimmen 合せる（投票する）；die auf den Anwendungsfall abgestimmten Schmierstoffe 適用状況に合わせられた（応じた）潤滑剤

adjustieren 調整する（計器類の）

anstellen アジャストする；Anstellvorrichtung 女 アジャストする設備，adjusting equipment

ausgleichen 均等にする（補償する）；Ausgleichszone 女 均熱ゾーン，soaking zone

ausrichten 調整する

einstellen 調節する（生じる，浮かぶ，覚悟する），adjust；Einstellung 女 調整（設定），adjustment；Feineinstellung der chemischen Zusammensetzung 化学組成の微調整，fine adjustment of chemical composition；Konizitätseinstellung 女 テーパーの設定，taper adjustment；Temperatureinstellung 女 温度調整・設定，adjustment of temperature

justieren 調整する（セットする）

koordinieren 調整する

montieren 調整する（組み立てる）；mit entsprechend montierten Hülsen 対応して調整・組み立てられたスリーブにより（対応して調整・組み立てられたスリーブを備えた）

verstellen 調整する；verstellbar 調整できる

これらの語は，技術系の文では，必須であるので，注意したい．

1-15 到達する，達成する，獲得するなどの語

「到達する」などの語は，論文の緒言とか目標設定，特許の目的などでよく用いられるので，慣れておく必要がある．

1. 動詞 (Verb)，助動詞 (Hilfsverb)

akquirieren 獲得する（プロジェクトを獲得するときなどに，使われる）；Pro-jektakquisition **女** プロジェクトの獲得，project acquisition〔関連名詞〕

erlangen 獲得する；zur Erlangen der Prozessstabilität プロセスの安定性を獲得するために

erreichen 達成する（到達する）；Damit wird ein Gleichgewicht zwischen Säure und Zinksalz erreicht. これにより，酸と亜鉛塩間の平衡が達成される；Hierdurch kann ein geringes Bauvolumen der Separationskammer erreicht werden. それにより，分離チャンバーの内容積を小さくすることが，可能である．

erzielen （目標）に到達する（獲得する，成し遂げる）；Eisen- und Stahlindustrie haben große Anstrengungen unternommen, um eine Senkung des Energieverbrauchs zu erzielen. 鉄鋼業はエネルギー使用量の低減を成し遂げるべく，多大な努力を払ってきた；auf Grund des erzielten Wirkungsgrades 得られた効率に基づいて．erzielen は erreichen に比べて同じ到達するでも，目標に到達するというニュアンスが強い．

gelangen 到達する；Die Einheiten können in die Nähe der günstigsten Roheisenkosten des Großhochofens gelangen. そのユニットにより，大型高炉並みの望ましい溶銑コストにほぼ到達可能である．gelingen は綴りが似ているが，成功するという意味なので，間違えないようにしたい．

1-16 ～より成っている，～から造られている，形づくる，備えつけるの語 (ausbilden, ausrüsten, ausstatten, bestehen, bilden, gestalten)

論文，特許では，必ずと言ってもよいほど，装置，機械，化合物などの構成の説明で，用いられ，また，ドイツ語的な動詞でもある．

das als Streifenmesser <u>ausgebildete</u> Trennmittel. 条片打ち落とし刃としてつくられている切断装置（その切断装置は，条片打ち落とし刃である）．特許で装置などを規定する際に多用される表現である．

～, die aus einem Streifen elastischen Materials <u>ausgebildet</u> ist. それは，弾性材料製のバンドからつくられている（それは，弾性材料バンド製である）．

Die Pumpe ist in Standardausführung mit einem Motor <u>ausgerüstet</u>. そのポンプには，標準装備で，モータが備わっている．

DieAnlage ist mit der Pumpe <u>ausgestattet</u>. その設備にはポンプが装備

1-17 名づける，～と表わす，～と呼ぶの語

されている.

Es <u>besteht</u> **zu über 80 % aus der Caprinsäure.** 80 % 以上がカプリン酸から成っている. なお，bestehen の別の意味での使用例は，別項 1-33 に示した.

～, dass die aus zwei gelenkig miteinander verbunden Stellgliedern <u>gebildete</u> **Kniehebelmechanik angeordnet ist.** ジョイントで互いに連結している二つの最終制御部位から成るトグルレバー機構が配置されていること.

Die Hülseelemente sind als Spange <u>gestaltet</u>**.** それらのカバー部位は，バックルとして形づくられている(それらのカバー部位は，バックルである).

1-17 名づける，～と表わす，～と呼ぶの語

a) beschreiben

SF, der die obere Begrenzung der wahrscheinlichen zusätzlichen Krebserkrankung bei lebenslanger Aufnahme von 1mg/kg <u>beschreibt</u>**.** SF (スロープファクター)の概念は，一生にわたって 1mg/kg を採取した場合に，今後起こるかも知れない(可能性の大きい)癌罹患率上昇の上限を述べた(表わした) ものである.

b) beschriften

商標を付ける，ラベルをつけるの意味であるが，次の文はその名詞形が使われている例である.

<u>G</u>lobal <u>H</u>armonisiertes <u>S</u>ystem der klassifizierung und des <u>Beschriftens</u> der Chemikalien-GHS. 化学品の分類と表示に関する世界的調和システム・GHS

c) bezeichnen

Das <u>bezeichnet</u> **offene Leserahmen mit ORF.** オープンリードフレームを，ORF と表わす.

Man <u>bezeichnet</u> **zeilenförmige Ungleichmäßigkeit auch als den Fasern.** 線状の不均一性をファイバーとも呼んでいる.

nachfolgend mit A <u>bezeichnet</u> 以下，A と表わす

Eine Überschrift, die mit der <u>Bezeichnung</u> **"A" beginnt.** A という記号で始まるタイトル(bezeichnen の名詞形を使った例)

d) nennen, benennen

Die Zeit, während Einlassventil und Auslassventil gleichzeitig geöff-

net sind, wird "Überschneidung" genannt. 吸入弁と排気弁が同時に
開いているタイミングを［クロスオーバー（弁の重なり）］と呼ぶ.

benannte Vertragsstaaten （特許の）指定締約国，この benennen には,「名
をつける」のほかに「指定する」の意味があり，特許関連でこのように使われて
いる.

本項関連については，別項 1-69 verstehen, beschreiben も参照のこと.

1-18　秤量する

wiegen, wägen （目方を）計る

〔関連名詞〕

Einwaage 女　正味, weight of sample taken

Verwiegung 女　秤量（計量）, weighing

Waage 女　はかり（レベル，水平）, scale

Wägebereich 男　秤量範囲, weighing range

Wägesystem 中　秤量システム, weighing system

Wägezelle 女　ロードセル（秤量セル）, load cell

1-19　分詞構文

　ドイツ文では，目的語や副詞を伴う分詞句で，wenn, um, da などを省略し,
副文を短縮したものと考えられるものがあり，分詞構文と呼ばれている. 技術関連
文でも，よく用いられるので，活用できるようにしたい.

Auf den Anwendungszweck angepasst, ～　適用目的に合わせるために（適
用目的に合わせるとすると）. これは Um auf den Anwendungszweck anzu-
passen, ～. または Wenn es auf den Anwendungczweck angepasst wird, ～
の短縮形と考えられる.

Bewährt sich das System, soll es weltweit verkauft werden. そのシス
テムの有用性が実証されるのなら，世界的に販売する予定である. Wenn sich
das System bewährt, soll es weltweit verkauft werden. の省略された形と
考えられる.

**Rechnet man die Energieeinsparung auf die Reduktion der CO_2-Emis-
sion um, so beträgt diese etwa 3000 t CO_2 pro Jahr.** 省エネルギー量
を CO_2 放出量の減少に換算すると，約 3000 t CO_2・年となる. Wenn man
die Energieeinsparung auf die Reduktion der CO_2-Emission　umrechnet,

so beträgt diese etwa 3000 t CO_2 pro Jahr. の省略と考えられる.

Vom technologischen Schwerpunkt her gesehen, 〜. 技術的な観点から
見ると, 〜. Wenn man vom technologischen Schwerpunkt her sieht, 〜
の省略形と考えられる. なお, 文中の her は, 別項 3-8 で述べるが, いわゆ
る後曳副詞の一つである.

**Werden die Maßnahmen ergriffen, ist mit einem erhöhten Wert zu
kalkulieren.** 対策が講じられるなら, 高めた数値を用いて計算する必要があ
る. Wenn die Maßnahmen ergriffen werden, ist mit einem erhöhten Wert
zu kalkulieren. もしくは, Um die Maßnahmen ergriffen zu werden, ist
mit einem erhöhten Wert zu kalkulieren. の簡略形と考えられる.

**Wird das System so eingestellt, dass die Temperatur kleiner als
die Reaktortemperatur ist, so wird Wasser aus dem Reaktor
ausgenommen.** その温度が反応器の温度よりも小さくなるようにシステム
を調整すると, 水が反応器から流れ出るようになる(排出される). この文も
wenn の省略で, Wenn das System so eingestellt wird, 〜 と考えられる.
さらに, この文は, so 〜, dass 〜 の構文であることにも注意したい.

1-20 守る, 防ぐなどの動詞

この動詞は, 医薬を含め技術系の文では, たびたび用いられる語であるので,
十分マスターしなければならない.

dämmen　阻止する(抑制する, カプセル化する);〔関連名詞例〕Wärme-
dämmstoff 男　断熱材, 類 Feuerfestmaterial 中, Isolierstoff 男

schützen　守る;Zwei Deckscheiben schützen das Lager vor dem Zutritt
von festen Verunreinigungen. 二つのカバーディスクにより, そのベアリン
グへの固形汚染物の侵入が防がれる. ;〔過去分詞例〕in externen Win-
dows-geschützten Softwarepaketen wie Word　ワードのような外付け
Windows 支援ソフトパッケージ内で

verhindern　防ぐ(妨げる);Die mechanischen Eigenschaften verhindern
ein Abplatzen der Beschichtung. その機械的性質によって, コーティング
の剥離が, 防がれる;〔関連名詞例〕Zwei Bodenröhren benötigen zur Ver-
hinderung des Rückfließens einen ständigen Gasstrom. 二つの底吹きパ
イプでの逆流を防ぐためには, 安定したガス流れが必要である.

vermeiden　避ける;um diese Fehler zu vermeiden, 〜　これらの欠陥を避

けるために；〔関連名詞例〕Unter <u>Vermeidung</u> von Tränenbildung wird eine gute Lackhaftung sichergestellt.　バーストブリスター生成を避けることで，良好なコーティング付着性が保証される（担保される）．

vorbeugen　予防する；～ um dem Erreichen von Stellgrenzen <u>vorzubeugen</u>. コントロール限界に達してしまうのを防ぐために．　別項 1-3 で述べたが 3 格支配の動詞である．

1-21　満たす

「要求・条件を満たす」などという形で，技術論文，特許，仕様書などでよく用いられる．

decken　満たす（応じる）；Dabei wird so viel Elektroenergie erzeugt, dass der Werksbedarf <u>gedeckt</u> werden kann.　その工場での需要を満たすのには十分な電気エネルギーがつくられる．

erfüllen　満たす；Die Technologie <u>erfüllt</u> am besten diese Anforderungen. その技術によって最高の形でこれらの要求が満たされる；〔関連名詞例〕Erfüllung 囡　満たすこと. Ziel war die <u>Erfüllung</u> der Anforderungen.　その要求を満たすことが，目標であった．

genügen　満足させる；Diese Systeme müssen höchsten Anforderungen an Schockbelastbarkeit <u>genügen</u>.　このシステムを適用することにより，耐衝撃性に関する高度の要求を満足させる必要がある．　なお genügen は，別項 1-3 で述べたように，3 格支配であることを忘れないようにしたい．

gerecht　好都合な；um den steigenden Anforderungen <u>gerecht</u> zu werden 高まる要求に応じるために．　これは 3 格支配の形容詞であるが，意味の上で同様に使用されるため採り上げた．

zufrieden　満足している；<u>zufrieden</u> mit etw ⁽³⁾ sein〔関連形容詞〕

1-22　問題である（stellen sich die Frage, kommen in Frage, Es handelt sich um ～, Es geht um etwas）

Bei harter Konkurrenzlage <u>stellt sich die Frage,</u> ob sich der Einsatz von Bauxit wirklich lohnt.　コスト競争の厳しい状況では，ボーキサイトの使用が本当に妥当か否かが，問題である．

Der Digitaldruck <u>kommt</u> nur dann <u>in Frage</u>, wenn nur eine geringe Menge an Druckbögen benötigt wird.　デジタル印刷は，紙シートの使

用量が少なくて済むときにのみ，検討の対象となる．

Es handelt sich um 〜，Es geht um etwas の文例については，別項 6-2 に載せた．

1-23 〜を抑制する，〜を寄せ付けない (sich erwehren, sich entziehen)

バイオ，医学関連の説明の際に，よく使われる語である．

Die Modelmaus erlaubt, <u>sich</u> der Krankheit zu <u>erwehren</u>. そのモデルマウスが，（結果的に）その病気を抑制する．なお，ここの erlauben には，ermöglichen と違って，「結果として」のニュアンスが含まれる場合がある．

Das <u>entzieht sich</u> der Berechnung. 予断を許さない．

ここで，erwehren は，2 格支配，entziehen は，3 格支配である（別項 1-3 参照）．

1-24 abdecken

この abdecken は，（文字どおり）覆いを取る，覆う，防食塗料を塗る，（範囲を）カバーする，返済するなどの意味で用いられるが，（範囲を）カバーするという意味で使うことが比較的多い．なお，覆いをとると，覆うでは，全く反対の意味であるが，文意により判断する必要がある．同じような見かけ上反対の意味を持つ動詞には，供給する，促進する，搬出するという意味の fördern がある．

Die Baureihe A <u>deckt</u> einen großen Teil der industriellen Anwendungen <u>ab</u>. そのシリーズ A は，工業的な適用分野の大部分をカバーしている．

Ein breites Durchmesserspektrum wird <u>abgedeckt</u>. 広範囲にわたる直径がカバーされる．

1-25 anordnen

配置するなどの意味であるが，zuordnen と並んで，機器構成，設備装置の配列の説明などで，よく使われる動詞である．

〜, dass die aus zwei gelenkig miteinander verbundenen Stellgliedern gebildete Kniehebelmechanik <u>angeordnet</u> ist. ジョイントで互いに連結している二つの最終制御部位から成るトグルレバー機構が配置されていること．

mit einer in Transportrichtung eines Bedruckstoffes gesehen stromabwärts der Längsfalzeinheit <u>angeordneten</u> Schneideinheit. 走行

用紙の搬送方向を見て，長手折り装置の下流に配置されている切断ユニット付きの．ここで，in Transportrichtung eines Bedruckstoffes gesehen は，過去分詞を用いた分詞構文であり，図面上での説明によく用いられる．また，stromabwärts は，位置関係を表わし，stromaufwärts と対の語である．

1-26 arbeiten

この動詞は，きわめて普通のものであるが，派生したものとしては次の語がある．

mit Arbeit versorgt werden　仕事の世話をされる〔関連名詞例〕
Ausarbeitung 女　起草（草案の成文），drafting〔関連派生名詞例〕
Einarbeitungszeit 女　実習期間，training period〔関連派生名詞例〕
überarbeiten　改訂する〔関連派生動詞〕

1-27 bauen

bauen に関係する動詞では以下の語がよく出てくる．

abbauen　取り壊す（人員整理する，分解する）
aufbauen　建設する（デザインする）
ausbauen　取り外す
einbauen　作り付ける

1-28 beabstehen, beabstanden

この beabstehen，過去分詞の beabstanden は，nachführen と並んで，技術論文，特許などで，たびたび使われながら，辞書にあまり載っていない，「～から離す」「間隔を保つ」などを意味する動詞である．

～, dass das Heizelememt durch ein Isolierstück beabstandet ist.　暖房部位は，断熱部により離されて位置していること．

sich in beabstandeter Weise erstreckend ～　一定の間隔を置いて（保って）延びている～．

das vom Hubzylinderhebel beabstandete Tragwerk　ホイストシリンダーレバーからは，離されて位置しているホイストギアー．

似たような意味合いの語として，von　etwas[3]abweichen（～から離れる，～と相違する）がある．

bei davon abweichenden Betriebsdrücken　それとは異なった運転圧力の場合に．

1-30 begrenzen

Die Ventile, die von den herkömmlichen runden Bauformen <u>abweichen</u>.

　それらの弁の形状は，従来の丸いものとは，違ったものである．

　また，abliegen von etwas⁽³⁾も同様の意味である．

1-29 beaufschlagen

　beaufschlagen は，「（圧力を）加える」「（内燃機関で）吸気する」「流入する」などの意味であるが，名詞などを伴なって，独特のフレーズ的な表現で用いられ，通常の辞書には載っていないことも多く，訳しにくく，そのまま覚え使えるようにすることが必要である．

beaufschlagen mit Druck 　圧力を加える，puressurize

beaufschlagen mit Öl 　（オイル）潤滑する，lubricate

Beaufschlagung 女 　衝撃[吸気（行程）]，impact；Wasserbeaufschlagungsdichte 女 　スプレー流束密度，spray flux density〔関連名詞例〕

~, dass der Akkumulator eine das Strömungsmedium <u>beaufschlagende</u> Feder enthält 　そのアキュムレータには，ストリーム媒体に力を加える（加圧可能な）スプリングが備わっていること．〔関連形容詞・現在分詞例〕

~, der ein durch eine Kraft <u>beaufschlagbares</u> Strömungsmedium enthält. 　そこには，力を加えることのできるストリーム媒体が含まれている．〔関連形容詞例〕

~, dass die akkumulatorseitig vorgesehene, das Strömungsmedium <u>beaufschlagbare</u> Kraft einstellbar ist. 　アキュムレータ側で想定される，ストリーム媒体に加えられる力の調整が可能であること．〔関連形容詞例〕

gemischt<u>beaufschlagte</u> Turbine 女 　混圧タービン，mixed-pressure turbine〔関連形容詞例〕

　なお，関連の動詞の beschlagen は，打ち付けるであるが，その再帰動詞 sich beschlagen は，「曇りが出る」「錆が出る」の意味で使われることも多いので，気を付けたい．

1-30 begrenzen

　技術文でよく使われるこの begrenzen（境界をつける，限定する）は，4 格支配であるが，日本語の発想から，「～を」と訳すことにとらわれないようにすることが，必要である．日本語の格を示す助詞と，ドイツ語のそれとは，必ずしも一致しな

1

動詞 (Verb)、助動詞 (Hilfsverb)

19

いので，うまく，わかりやすく翻訳するようにしたい．同様の動詞としては，beant-worten, berühren, besiedeln, bevölkern などがある．

～, die die <u>Begrenzung</u> berührungslos hinterragende Befestigungselemente aufweisen.　～には，境界に接触せずに後ろから突き出ている（後ろに位置している）固定部位が備わっている．〔関連名詞例〕

Dieser Prozess ist auf bestimmte Standorte <u>begrenzt</u>.（Stahl u.Eisen, 118, Nr.8, p.80）このプロセスは，ある決まった運転立地に限定されたものである．

mit wenigsten zwei einen Spalt <u>begrenzenden</u> Maschinenelementen（EP2174900）あるギャップで接している少なくとも二つの機械部位を備えた～〔現在分詞例〕

Die Strömungsanordnung umfasst eine Brennkammer <u>begrenzendes</u> Verbrennungsluftführelement.　そのストリームシステムには，燃焼チャンバーに接している燃焼空気フィード部位が，備わっている．〔現在分詞例〕

beantworten も日本語に翻訳するときは，～に答える，～に返事すると訳すとよい．

den Erhebungsbogen <u>beantworten</u>　そのアンケートに答える

besiedeln, bevölkern も，4格支配であるが，同じように，～に住むと訳す．

Diese <u>besiedeln</u> den Boden zu Zehntausenden.　これらは，地中に一万という数が定住している．

Hunderte Arten von Mikroorganismen <u>bevölkern</u> jeden Quadratmeter.　平方メートル当たり，何百種類もの微生物が住んでいる．

`1-31` berauben

berauben は，4格，2格をとる動詞で，次のように用いられる．

Der Einsatz von Insektiziden würde die Wurzeln aller Vorzüge <u>berauben</u>.　殺虫剤の使用によって，根から全ての優位性が奪われてしまうであろう．ここで，die Wurzeln は4格で，aller Vorzüge は2格である．日本語の格を示す助詞と，ドイツ語のそれとは，必ずしも一致しないので，とらわれずに訳すように心がけたい．

1-32 bestehen

bestehen は，「～から成っている」「～に存する」「及第する」ほかの意味で使われる．

Sie bestehen aus den Anlagenteilen. それらは，設備部品により構成されている（設備部品を備えている）．

Für den Möller besteht die beste Möglichkeit zur Erhöhung des Al₂O₃-Gehaltes im Zusatz von stückigem Bauxit. (Stahl u. Eisen, 117, Nr.9, p.49) 炉への装入物中のアルミナ含有量を増やすことのできるベストな方法は，塊状ボーキサイトを添加することである．

Das Projekt muss seine Bewährungsprobe noch bestehen. (Stahl u.Eisen, 117, Nr.9, p.80) そのプロジェクトは，さらに，確証テストをクリアーする必要がある．

なお，この "bestehen（～から成っている）" は，特許などで，たびたび出てくる動詞であるが，「～を備えている」と訳したほうがよい場合も多い．また，bestehen の「成っている」の意味での用例については，別項 1-16 に，類語のほかの動詞とともに，まとめた．

1-33 dienen, bedienen, Dienst

a) dienen

この語は，一般には「奉仕する」「サービスする」などの意味で用いられるが，技術系の文では，「～に使われている」「行われる」で用いられることが多い．

Lichtschranken dienen zur Positionierung. ライトバリアーが，位置決めに使われている（ライトバリアーを位置決め装置として，用いている）．

Die Öfen dienen der Wärmebehandlung. 炉が熱処理に使われている（炉で熱処理が行われる．その炉で熱処理を行なっている）．

Der Transportrollengang dient als Speicherplatz. 搬送ローラーテーブルは，ストック場所として，使われている（搬送ローラーテーブルを，ストック場所として，用いている）．

b) bedienen

操作する（パソコン関係の語によく使われている）

bedienbar 操作できる〔関連形容詞〕

Bedieneroberfläche 囡 パソコンユーザーウインドウ，user window〔関連

名詞例〕

Bedienmenü 中　パソコン操作メニュー，control menu〔関連名詞例〕

c）Dienst

「サービス・勤務」などの意味で用いられる

diensthabend　勤務中の〔関連形容詞〕

Dienstleister 男　サービスプロバイダー（サービス事業者），service provider

Dienstleistung 女　サービス行為（作業の実施，サービスプロバイディング），
service，service offering

Kapitaldienst 男　資本サービスチャージ，debt service

1-34　dürfen

この助動詞は規格などでよく使われるので，慣れておく必要がある．

Die Analyse darf geringfügig von den Grenzen abweichen.　その分析
値は，限界値をわずかには超えてもよい．

Der Fehler darf mit Zustimmung ausgebessert werden.　その欠陥は，
同意の上で修理されてもよい・修理してもよい．

Hierbei darf der Außendurchmesser unterschritten werden.　ここで外
径（公差）を下まわってもよい．

Der Mangel darf nicht von Mängeln des Stahles selbst herrühren.　そ
の欠陥については，その鋼自身の欠陥に起因することは許されない（禁止）．

Die Summe darf insgesamt 1 mg nicht überschreiten.　合計は，合わせ
て 1mg を超えてはいけない（禁止）．

なお，ほかの助動詞とのニュアンスの違いについては，別項 1-11 にまとめて，
整理した．

1-35　entfallen

適訳がなかなか見つからず，通常の辞書には載っていないことも多いが，よく使
われる自動詞であり，「問題にならない」「考慮の対象外である」「行なわれない」「（そ
ういう）割合になる」などと訳すと経験上適切である場合が多い．

~, da das Reseverad entfallen kann.　そのスペアータイヤは，使用せずに
済むので．

**Häufige Kalibrierungen entfallen aufgrund der verbesserten Langsta-
bilität der Sensoren.**　センサーの長時間安定性が改善されたので，頻繁な

目盛定め（検定）は行なわれない・行なう必要がない.

Die Kostenstruktur ist etwa so, dass 30% auf Betriebskosten und 10% auf Personenkosten entfallen. コスト構成は，概ね運転コストが30%，人件費が10%の割合になる.

Die Teilung t＝2mm ist entfallen, weil sie in der Praxis kaum verwendet wird. ピッチ t＝2mm は，実際面ではほとんど適用されていないので，考慮の対象外である.

1-36　entfernen

この動詞は，スケールとか元素を，「除去する」という表現のときによく使われる. 名詞の「付着」の別項 2-28 は，関係が深いので，参考にしていただきたい.

Abplatzen der Beschichtung 中　コーティングの剥離（除去→剥離関連語）

Brennbarentfernungsanlage 女　フレームバリ取り設備，flame deburring machine〔関連名詞例〕

Da Phosphor und Schwefel bereits aus dem Roheisen entfernt sind, ～.　P と S はすでに溶銑から除去されているので，～.

Das entfernt die festhaftenden Zunder. それを使用することで，固着したスケールを除去することができる.

entfernt vorstellbar わずかに可能性のある〔関連形容詞・副詞〕

Ein schwer zu entfernender Klebezunder muss durch Strahlentzundern entfernt werden. 剥離しにくいスケールは，ショットブラストで除去する必要がある〔現在分詞例〕

1-37　entwickeln

通常は「開発する」「向上・発展する」の意味で次のような例がある.

ein neues Verfahren zu entwickeln 新プロセスを開発すること；Entwicke-lung des Anteils der Stranggusserzeugung　連続鋳造生産比率の向上発展〔関連名詞例〕；Entwicklungsphase 女　発展・開発段階，development phase, development stage〔関連名詞例〕；Werkstoffentwicklung 女　材料開発，material development〔関連名詞例〕

さらに，意味をひろげて，「展開し，繰り広げて示す」「発展して～になる」，のような意味合いで用いられることも多い.

Hier hat sich Joint-Engineerring zu einem Erfolg entwickelt. ここで，

共同工事は，発展し成功した．

Die Strategie wurde in Anlehnung an die Vorschriften <u>entwickelt</u>. そ
の戦略・方針は，規則（命令）に準拠して作られ，展開された．

Unsere Firma <u>entwickelt</u> maßgeschneiderte Problemlösungen für Sie.
弊社は，御社のご要望にぴったり沿ったソリューションをくりひろげてお示しし
ます（開発します）．なお，ここの maßgeschneidert は，名詞とともに合成さ
れ造語された動詞の過去分詞・形容詞としての用例である（maßschneidern,
身丈に合わせて仕立てるが原意）．

意味は違うが，単語の語幹が，同じ名詞としては次のようなものがある．

Abwicklung 女　処理（解決），processing; Aufwickelhaspel 女　リコイラー
（巻き取り装置，リール），recoiler; Wickelmashine 女　コイリング・マシーン,
winding machine

1-38　erfolgen

この erfolgen は，自動詞で，「（結果として）生じる，起こる」の意味であるが，
特に，和文独訳などで，すぐには思い浮かばないので，sich ergeben と同様，十
分に使いこなしたい動詞である．

Der Start <u>erfolgt</u> automatisch bei Erreichen der Ausschaltzeit. 遮断
時刻に達すると自動的にスタートする．

Nach Einrichten des Sensors auf eine Anfangsposition <u>erfolgt</u> A, 〜
センサーがスタート位置へ調整された後，A が行なわれる．

1-39　ermöglichen, vermeiden, sichern, sorgen, ab-dichten, verhindern, aufnehmen などの訳し方

ermöglichen は，「可能にする」という意味で，また，vermeiden は，「避ける」,
sichern は，「安全にする，守る」という意味で，それぞれ，技術論文，特許に頻
出する動詞であり，ドイツ語独特の表現として，訳すときに，こなれた日本語にな
るように，気をつけなければならない．「主語が，可能にする・避ける・守る」とそ
のまま訳したのでは，直訳に過ぎるので，適切な語を付け加えるか，訳順を変え
ること，もしくは，名詞を動詞，形容詞，副詞などへ変換して訳すことが必要であ
る．（別項 2-65 参照）

タイトルの動詞の順に例文を示す．

Die kleinen Abmessungen <u>ermöglichen</u> einen direkten Einbau des

1-39 ermöglichen, vermeiden, sichern, sorgen, abdichten, verhindern, aufnehmen などの訳し方

Führers in die Wicklung. そのセンサーは，寸法が小さいので，巻取り機に直接組み込むことができる．

Der kompakte und einfache Aufbau der Steckhülse <u>vermeidet</u> ein Abrutschen beim Demontagevorgang. そのプラグスリーブの構造がコンパクトで簡単なので，取り外し工程でのすべりを避けることができる（コンパクトで簡単な構造のプラグスリーブを使うことで，取り外し工程でのすべりを避けることができる）.

Die gezielte Schulung der Werkstattmitarbeiter soll künftig Schäden an Reifen bei Montagearbeiten <u>vermeiden</u>. 将来を考え，自動車修理店の従業員を目的に合わせて教育して，タイヤの取り付け作業でのタイヤ損傷を避けます．

Die Kanäle <u>sichern</u> das Ladegut gegen Verrutschen. バッファーを使って，荷物の位置が滑って変わるのを防ぐことができる．

Die Fräswerkzeuge <u>sorgen</u> beim Bearbeiten großer Werkstücke für hohe Präzision. 高精度を要求される大型工作物の加工には，そのフライス工具を用いる．

さらに，abdichten も，同じように言葉を補って訳す．

Filzringe <u>dichten</u> Wälzlager gegen Fettaustritt und Eindringen von Schmutz <u>ab</u>. 潤滑ベアリングから油脂が流出もしくは，逆に汚染物質が流入しないように，フェルトリングを使って潤滑ベアリングのシールを行なう．

また，verhindern も，「～が～を妨げる」と，そのまま訳さずに次のように言葉を補った訳文とするとよい．

Enge Randgängigkeit <u>verhindert</u> Totzonen. 狭い縁部までアプローチできるようにすることで，デッドゾーンの生成を避けることができる．

Starkes Rühren <u>verhindert</u> eine ausreichende Verschlackung. 強攪拌は，十分な，滓化（スラグ生成）の妨げとなる．

次の aufnehmen も同様である．

Die Steuerung <u>nimmt</u> auf Knopfdruck die Arbeit an der unterbochenen Stelle wieder <u>auf</u>. その制御装置（制御法）を使うと，ボタンを押すだけで，中断した部位で作業を開始することができる．

1. 動詞（Verb），助動詞（Hilfsverb）

1-40 finden

finden は，一般的な「見つける」「みなす」「思う」以外に，「手に入れる」「受ける」などの意味で使われることも多い．

Gebrauch findet das Gerät in der Messung. その装置は，測定分野で使用されている．

~, die in der Arbeit ihren Niederschlag finden. その研究の中に彼らの考え方が表わされている．

Lösungen, die weltweit Anerkennung finden. 世界的に正当な評価を得ている（認められている）ソリューション．この文は，機能動詞的で受動的に使われている例である．

1-41 fort（前綴り）で始まる動詞

Setzt sich die Preissteigerung in der bisherigen Weise fort, ~. 価格上昇が今までのように続くと仮定すると，~．

VSG führt die lange Schmiedetradition fort. VSG 社は，長い鍛造の伝統を受け継いでやっている．

fortgehend 持続の〔現在分詞・形容詞例〕

fortlaufend 持続の〔現在分詞・形容詞例〕

1-42 gleichen

gleichen は，「一様にする」「調整する」の意味であるが，これをもとに，さまざまな語が派生し使われている．

angleichen 適応させる（調整する）；Diese Norm ist den neueren Normen angeglichen. この規格は，そのより新しい規格と適応している．〔関連動詞〕

ausgleichen 均等にする（補償する）〔関連動詞〕；Ausgleichsstrecke 囡 均熱ライン，soaking line；zum Ausgleich von Walzendurchbiegung ロールの曲がりを均すために

Gleichlauffräsen 囲 下向き削り（ダウンカットミル），down- cut milling〔関連名詞例〕

Gleichrichter 團 整流器，rectifier〔関連名詞例〕

Gleichstrom 團 直流，direct current〔関連名詞例〕

Nullabgleich 團 零点調整，zero adjustment〔関連名詞例〕

関連形容詞・副詞としては，次の語がある

gleichzeitig, zeitgleich, zugleich 同時に〔形容詞・副詞例〕

gleichwohl それにもかかわらず〔副詞例〕

1-43 helfen

helfen は別項 1-3 で述べたように 3 格支配の動詞である．

helfen 独特の「話法の助動詞に準じてほかの動詞の zu のない不定詞と用いられる」次のようなケースも忘れないようにしたい．

Ich habe ihr den Koffer tragen <u>helfen</u>. 私は彼女に手を貸してトランクを運んだ．

Solche Werkstoffe <u>helfen</u> durch ihr geringes Gewicht, Treibstoff zu sparen. その種の材料は，軽量なので，燃料の節減に有効である．〜の助けになるという語感である．ドイツ語的な表現であり参考となる．

1-44 heraus-（前綴り）で始まる動詞

herausfordern 挑戦する

herausfraktionieren 取り出して分別する

herausragen 際立つ（外に突き出す）

herausstellen 明らかになる；Das <u>stellt</u> sich als erfolgreich <u>heraus</u>. それが成功であることが明らかになる．

1-45 herstellen

herstellen は，「つくり出す」「製造する」「調整・調合する」などの意味であるが，通常の「製造する」以外に，化学の「合成する」でも使われる．似たような語として，erzeugen, produzieren がある．erzeugen は，「製造する」「産出する」以外にバイオ・医学などでの「発生させる」「生ませる」の意味もある．herstellen, erzeugen には，どちらかといえば「つくり出す」のニュアンスが含まれ，produzieren には，「大量生産的に製造する」という意味合いが含まれることもある．

Dieses Werk <u>stellt</u> marktfähige Produkte zu konkurrenzfähigen Preisen her. この工場からは市場の要望に沿った製品が市場競争力のある価格でつくり出されている．

1-46 hervor-（前綴り）で始まる動詞

この前綴りは，あまりなじみがないが，比較・強調などの場合に用いられ，次のようなものがある．

hervorgehen　推定する（生じる）

hervorheben　強調する；hervorgehobene Stärke　強調された利点，普通 stark などが用いられるが，語の重なりを防ぐ意味で，このように用いられることがある．

hervorragen　卓越する

hervorrufen　引き起こす（誘発する）

hervorstechen　際立っている（突き出している）

hervorstehen　突き出ている（際立っている）

1-47 induzieren

「誘導する，誘発する」などの意味であるが，物理，電気，環境，バイオ・医学などの分野でよく用いられ，類語としては，evozieren, hervorrufen, provozieren, stimulieren などがある．

1-48 justieren

「調節する」の意味で，あらゆる分野で，einstellen とともに用いられる．

1-49 kommen

あまりにも一般的な動詞ではあるが，そのフレーズは，技術文でもよく使われているので，文の幅を拡げる意味でも習熟したい．また，kommen の用法では，いわゆる機能動詞（文法的な役割しか担わされていない動詞）として，使われている例も数多くあり，よく使われるものも含めて示した（zum Ausdruck kommen ほか）．

auf die Spur etwas[3] kommen　〜の手掛かりがつく

Als Mutationen <u>kommen</u> Transition und Transversion <u>in Betracht</u>.　突然変異としては，（塩基の）転移と転換が考えられる．

Aus diesem Grunde <u>kommt</u> der Digitaldruck nur dann <u>in Frage</u>, wenn eine geringe Menge an Druckbögen benötigt wird.　このような理由から，紙シートの量がすくなくて済む場合のみ，デジタル印刷が検討の対象となる．

〜 bestimmt von der Wahrscheinlichkeit, mit den Medien <u>in Kontakt</u>

zu kommen. 〜は，それらの媒体と接触する確率によって決まる．

Die Technik kann durch die Fehler in Verdacht kommen. その技術は，欠陥・ミスにより嫌疑を受ける可能性がある．

〜, der bei der Einfederbewegung am Anlenkpunkt zur Anlage kommt. それは，圧縮作動の際に，ピヴォットポイントのところで接触している．

Diese TRD-Werte kommen zum Ansatz. これらの許容放射線吸収量（TRD）値の学問的アプローチ・評価がなされる．

Die Weiterentwicklung kommt bei den mechanischen Konstruktionen zum Ausdruck. 機械構造の面で，さらなる改善・向上が見られる・明らかになる．

Das Längenwachstum kommt zum Erliegen. 長手方向の成長が止る．

Der Schritt kommt den Anwendern zugute. その歩みは，ユーザーにとり，役立つものである．(副詞の zugute と共に)

〜, mit der auch Anfänger zurechtkommen 初心者でもうまくやることのできる〜．〔関連動詞例〕

Der Vertrag kommt durch schriftliche Bestätigung des Auftrags zustande. 契約は，書面による注文の確認によって成立する．(副詞の zustande と共に)

Hierbei kommen die Vorteile von CAD beim Gestalten zum Tragen. CAD を設計で使うことで，その利点を活かすことができる．

なお，zukommen および Es kommt zu^{+3} の用法については，別項 1-73 にまとめた．

1-50 lassen

lassen は，他動詞で「させる，させておく」，自動詞で〔(von etwas$^{(3)}$あることを)やめる〕などの意味で用いられるが，1) 話法の助動詞のように，ほかの動詞の zu のない不定詞と共に用いられる，2) ほかの動詞の zu のない不定詞および 4 格の sich と共に用いられて，受動および可能性の意味を表わす，の二つの用法に注意することが必要である．（文法説明は，研究社 独和中辞典，および，三修社 新現代独和辞典によった）

1）話法の助動詞のように，ほかの動詞の zu のない不定詞と共に用いる例

〜, bei dem es weder erforderlich ist, eine Einzelbearbeitung jedes

einzelnen Werkstücks vorzunehmen, noch der Kaltumformung weitere Arbeitsschritte nachfolgen zu <u>lassen</u>. ここでは，個々の工作物の加工を行なうことも，冷間加工の後にさらに加工プロセスを付加させることも（さらなる加工プロセスを冷間加工のあとに持ってこさせることも）必要がない．

Die Stoffdaten <u>lassen</u> die Eigenschaften wie folgt beschrieben. その物質データから，性質は以下のように記述できる（性質を以下のように記述することが許容される）．

der Trend, solche Arbeiten als Dienstleistungen von externen Firmen durchführen zu <u>lassen</u>. そのような仕事を，外部の会社によるサービス（アウトソーシング）として，行なわせる傾向．

Der Trend zu breiteren Reifenquerschnitten und Runflat- Reifen <u>lassen</u> den Montagevorgang zunehmend komplexer werden. 幅の広いタイヤ断面という傾向と，ランフラットタイヤによって，取り付け工程がますますより複雑になっている．

2）ほかの動詞の zu のない不定詞および４格の sich と共に用いられて，受動および可能性の意味を表わす例

Allerdings hat es sich gezeigt, dass, je größer und empfindlicher die Solarmodule werden, <u>sich</u> die Montage desto schwieriger <u>durchführen lässt</u>. ソーラーモジュールが，より大きくまた敏感になればなるほど，その取り付け作業は，いずれにしても，難しいものとなるということが（難しく遂行されうるということが），明らかになった．

Hier <u>lässt sich</u> auch durch zwei Schaltflächen der vorige oder der nächste Feldbefehl in Dokument <u>anspringen</u>. ここでは，二つのボタンにより，ドキュメント中の，前または次のフィールドコマンドに移ることができる（フィールドコマンドが移らされうる）．

Die Leichtölfraktion <u>lässt sich</u> durch Raffinieren zum Vorprodukt für die Chemische Industrie <u>aufarbeiten</u>. その軽油留分は精製されて化学工業用の中間製品となる．

So <u>lässt sich</u> genau <u>kontrollieren</u>, dass auch nicht mehr Waren unter dem Bio-Siegel verkaufen als zuvor an Bio-Rohstoffen eingekauft wurden. 以前バイオ原料として購入したもの以外の品が，もはや「バイオ印」の下で商品として売られることのないように，厳格にコントロールされている．

なおここの従属接続詞 als は，前におかれた否定詞や ander とともに，「〜のほかに」「〜以外に」の意味で使われている．

1-51 lehnen

sich lehnen は，「寄りかかる」から転じて次のように使われることが多い．

Diese Norm lehnt sich inhaltlich eng an die Norm an. この規格の内容は，その規格に緊密に準拠したものとなっている．

ほかに，über etwas$^{(4)}$ lehnen 〜 〜から（〜の上に）乗り出す，an etwas$^{(4)}$ etwas lehnen 〜 〜に〜を立てかける，などの用法がある．

1-52 lösen

溶液への溶解を表わす lösen である．

lösen 溶解させる［（体外に）出す］；Das löst sich ohne Flussmittelzugabe. それは溶融フラックスなしで溶解する．

auslösen 解除する〔関連派生動詞例〕

Auslöser男 レリーズ（トリガー），trigger，release〔関連派生名詞例〕

Auflösung女 分析（溶解，固溶，解，分解能，解像度，解析），resolution，solution；Auflösung der Ausscheidungen 析出物の固溶化〔関連派生名詞例〕

Erlös男 売り上げ（額）（販売額），類 Umsatz男，sales〔関連派生名詞例〕

なおここの Auflösung であるが，いわゆる化学分析などの分析という意味以外に，次のように解析ということでの分析としても使われる．

die zeitliche Auflösung der Messdaten 測定値の時間的な分析・解析

1-53 nachfolgen

3格をとる nachfolgen は，「後任となる」「後を追う」などの意味であるが，技術文では以下のように使われることが多い．

folgen 従う，結果として生じる，〔関連動詞〕；〜 da die Praxis den Empfehlungen nur beschränkt gefolgt hat. その実施面では，推奨法（値）には限定的に従っただけなので（その実施面では，推奨法（値）の適用は非常に限られていたので）．

nachfolgen zu lassen 後続させる；〜 bei dem es weder erforderlich ist, eine Einzelbearbeitung jedes einzelnen Werkstücks vorzunehmen, noch der Kaltumformung weitere Arbeitsschritte nachfolgen zu lassen. ここ

では，個々の工作物の加工を行なうことも，冷間加工の後にさらに加工プロセスを付加させることも（さらなる加工プロセスを冷間加工のあとに持ってこさせることも）必要がない．

nachfolgend　以下の，後続の〔関連形容詞〕

Nachfolger 男　（カムの）従動節（従車），follower〔関連名詞例〕

geführte Stromversorgung　追従・従属電力供給，slave power supply（意味の上で似た用法）

1-54　nachführen

3格をとる nachführen は，一般・専門辞書を問わず，載っていないことが多いが，「適合させる」「整合させる」の意味で，よく機械の説明などで使われることから，訳し方に慣れる必要がある．

~, dass bei der Kantenbearbeitung den Höhentoleranzen der Werkstücke <u>nachgeführt</u> wird.　エッジ加工は，工作物の高さの公差に適合させるように行なう（公差との整合性を持たせて行なう）．

Nachführung 女　適合（整合，修正），tracking, correction, resetting〔関連名詞〕

~, bei der keine <u>Nachführung</u> nach dem Sonnenstand notwendig ist.　ここでは，太陽の状態（位置）に合わせる必要はない．〔関連名詞〕

Notwendigkeit einer mechanischen <u>Nachführung</u> oder Ausrichtung.　機械的な整合性または整列の必要性．〔関連名詞〕

1-55　neigen

「～の傾向がある」「傾斜している」と言う意味で，zu etwas [3] を伴なってよく使われる語である．

auf der zum Abwickelbock hin <u>geneigten</u> Tambureinrollshiene.　巻き戻し架台に向かって傾斜しているリール装着レール上で．

Die Grobblechgüten <u>neigen</u> zur Steigerung.　厚板の品質には，偏析の傾向がある．

<u>Neigungswinkel</u> 男　傾斜角，angle of inclination〔関連名詞例〕

Die zur Ausfällung <u>neigenden</u> Stoffe　沈殿の傾向のある物質〔関連現在分詞・形容詞〕

1-56 ragen

辞書に載っていない語もあるが，この動詞には，さまざまな前綴りがついて，装置の位置関係などを的確に説明するときによく用いられている．

a) abragen

～, die von einer Abdeckung <u>abragen</u>.　シールから下に突き出ている（シールから下に位置している）．

b) aufragen

mit einem von dem waagerechten Träger <u>aufragenden</u> Pfosten.　水平なサポートから立ち上がっている支柱付きの・により

c) herausragen

「突出している」であるが，この動詞は，aus ～ を伴なって，「～に対して，際立っている」との，使い方が多い．

d) hinausragen

Teil der Karosserie, der über die Hinterräder <u>hinausragt</u>.　後輪を越えて，外へ出ている車体の部分．

e) hineinragen

Der Einfüllstutzen <u>ragt</u> in den Innenraum des Kraftstofftanks <u>hinein</u>.　充填コネクションは，燃料タンクの内部へと入り込んでいる．

f) hinterragen

～, die die Begrenzung berührungslos <u>hinterragende</u> Befestigungselemente aufweisen.　～には，境界に接触せずに後ろから突き出ている（後ろに位置している）固定部位が備わっている．

g) überragen

～, dass der Querträger die Bedienfläche des Ofenfrontelements <u>überragt</u>.　クロスメンバは，オーブンフロント部位の使用面から，上に突き出た形になっている（使用面よりも高くなっている）．

1-57 reichen

reichen の派生・関係語としてよく使われるものとしては，次の語がある．

reichen　及ぶ，達する；Das <u>reicht</u> vom Einzelauftrag bis zum Wartungsvertrag. それは個々の発注から保全契約にまで及ぶ．

anreichern　富化する；Diese Lösung <u>reichert</u> sich mit Zink <u>an</u>.　この溶液

は亜鉛で富化されている.

erreichen 達成する（到達する）；Mit diesem Verfahren können die Phosphorgehalte von unter 0,010% Phosphor <u>erreicht</u> werden. この方法により, 0,010 % 以下の燐含有量が達成され得る.

reichen の意味と似た「及ぼす（影響を）」という場合には, ausüben が用いられる.

1-58 richten

この動詞は, 純技術的にも, 普通の意味でも, よく用いられる.

Hauptaugenmerk wurde auf ~ <u>gerichtet</u>. 主として~が注目された.

im Tangentpunkt <u>gerichtet</u> werden. 矯正点で, 矯正される.

Die Menge <u>richtet</u> sich nach dem Gehalt. その量は, 含有量に左右される.

<u>**Richtlinie**</u> 女 ガイドライン, guideline〔関連名詞〕

<u>**Richtmaschine**</u> 女 矯正機, straightening machine〔関連名詞〕

<u>**Stromrichter**</u> 男 電流交換機（整流器）, current converter, rectifier〔関連名詞〕

1-59 rühren と綴りが類似していて, 間違えやすい動詞

rühren と綴りも意味も少し似ていて, 間違えやすくかつたびたび出てくる動詞として, 次のような語がある.

aufspüren 感知する, detect

rühren 攪拌する, stir

spritzen スプレーする, spray

sprühen スプレーする, spray

spülen 洗浄する, rinse, wash

1-60 sehen

非常に一般的な語であるが, その派生語には, 注意すべきものがある.

absehen 他 見て取る（自 度外視する）

ansehen みなされる；Der Gehalt an SiO_2 kann als Spuren <u>angesehen</u> werden. シリカの含有量は, トレースとみなされる.

aussehen 思われる；Er <u>sieht</u> gesund <u>aus</u>. 彼は健康のように思われる.

versehen 装備する；Quarto-Gerüste werden mit einem Vertikal-Stauchgerüst <u>versehen</u>. フォーハイスタンドには, 1基の縦型エッジングスタンドが,

1-61 sollen

装備されている.

vorsehen 意図する(あらかじめ考慮する);Eine zweite Regelstrategie ist vorgesehen. 2番目のコントロール戦略が,意図されている.

1-61 sollen

1) 通常の使用例(直接法)

Bei Tyssenn-Krupp Stahl wird eine Präzisionsrichtmaschine einge-setzt, die neue Maßstäbe hinsichtlich Planheit und Eigenspan-nungshaushalt ermöglichen <u>soll</u>. 「テュッセンクルップスチールでは精密矯正機を取り付け,これにより平坦度および残留歪み管理に関する新しい尺度が可能になります」または,「テュッセンクルップスチールでは平坦度および残留歪み管理に関する新しい尺度が使えるように,精密矯正機を取り付けます」.(soll はテュッセンクルップ社の意志を表わしている)

Die geziehlte Schulung der Werkstattmitarbeiter <u>soll</u> künftig Schäden an Reifen bei Montagearbeiten vermeiden. 将来にわたって,タイヤの取り付け作業でのタイヤ損傷を避けるために,自動車修理店の従業員を目的に合わせて教育します.(soll は書き手の意志を表わしている)

Hinweise auf Literaturzitate <u>sollen</u> durch Namen mit Erscheinungs-jahr gegeben werden. 引用文献の表示の際には,発行年とともに,著者名を記すこととします.(soll は書き手の意思を表わしている)

die neue Batterie, die unsere vorhandenen Batterien ersetzen <u>soll</u>. 弊社の既存の(コークス炉の)バッテリーをリプレースすることになっている新しいバッテリー.この文の soll は,話者・書き手の意思,もしくは,いわゆる「予定の soll」である.

<u>Soll</u> das gezüchtete GaAs eine geringe Störstellendichte und hohe Ladungsträgerbeweglichkeit aufweisen, so ist sorgfältig zu achten, dass die beteiligten Materialien höhen Reinheitsforderungen genügen. 欠陥密度がわずかで,高荷電担体易動度を備えた GaAs が得られるように成長させるには(させたいならば),関与する材料の高清浄度が満足されるように,十分注意を払う必要がある.(sollは話者の意思を表わしている)

なお,技術系の文章で,強く「~すべき」を表現する場合には,DIN(ドイツ工業規格)および JIS に記述されているように,sollen ではなく,müssen を使用すべきであろう.(別項 1-11 参照)

2) 接続法での使用例

技術系の文とはいえ，接続法の理解・使い分けは重要であるので，代表的なものを以下に挙げた．

Pufferlösungen <u>**sollten**</u> **nach dem ersten Öffnen nach max.3 Monaten ersetzt werden.**　緩衝液は，開封の最大3か月後には交換することが，望ましい．

<u>**Sollte**</u> **Ihr CD-ROM Laufwerk einem anderen Laufwerkbuchstaben als"d"zugeordnet sein,** ～　「お使いの CD-ROM ディスクが，（万一）d 以外のディスク文字になっている場合には，～」または，「お使いの CD-ROM ディスクに，（万一）d 以外のディスク文字が割り当てられている場合には，～」（条件文，可能）

<u>**Sollten**</u> **Sie zwischenzeitlich Rückfragen haben, wenden Sie sich bitte an einen unseren Projektingenieur hier im Haus.**　（万一）ご質問がある場合には，弊社内のプロジェクトエンジニアにお願いします．（条件文，可能）

<u>**Sollten**</u> **trotz aller Sorgfalt Probleme auftreten, wenden Sie sich an den Ingenieur.**　注意をしても，（万一）問題が生じた場合には，エンジニアにコンタクトしてください．（条件文，可能）

Unter diesen Voraussetzungen <u>**sollte**</u> **der Werkstoff frei von Spannungen sein.**　これらの前提の下では，その材料は，応力のない状態にあることが望ましい．（竹本喜一：工学ドイツ語入門，朝倉書店，1976，p.87）

Welchen Diagrammtyp Sie einstellen <u>**sollten**</u>**, hängt davon ab, was gemessen werden soll.**　どの種類の図を採用・調整したほうがよいかは，測定対象による．

また，規格類，技術資料などの「要求事項」で，用いられる sollten は，いわゆる「控えめな主張」で，訳すときには，次のようにするとわかりやすい．

sollten：（推奨）～することが望ましい，～するのがよい（このほかでもよいが，これが特に適しているとして示す．または，これが好ましいが，必要条件とはしない），sollten nicht：（緩い禁止）～しないほうがよい（これは好ましくないが，必ずしも禁止しない）

なお，規格類，技術資料などの「要求事項」で，用いられる sollen 以外の助動詞については，別項 1-11 にまとめた．

1-63 über-（前綴り）で始まる動詞

1-62 treffen

通常「会う，当たる」などの意味であるが，技術文では以下のような使い方が，よく見受けられる.

treffen 為す（執り行う）；Alle angemessen Vorkehrungen sind zu <u>treffen</u>. 全てふさわしく前もって手はずを整えなければならない.

betreffen 関係する〔関連動詞例〕；die <u>betreffenden</u> Mitarbeiter 当該の従業員〔関連形容詞〕

übertreffen 勝る（超える）；Der Anspruch, den Hochofen in der Wirtschaftlichkeit <u>übertreffen</u> zu können, 〜 高炉（法）を経済性の点で勝るようにという要求は，〜〔関連動詞例〕

zutreffen 当てはまる；Das <u>trifft</u> allerdings <u>zu</u>. それはもちろん当てはまる. 〔関連動詞例〕

1-63 über-（前綴り）で始まる動詞

über 本来の「超える」という意味で使われるものと，発展した意味で使われるものとがある.

1）本来の意味のもの

überlaufen オーバーフローする；überschreiten 超える（値を，限界を）〔関連動詞〕；Überschuss 男 余剰, excess, overflow〔関連名詞〕；Überschussgas 中 余剰ガス（製鉄所などでの）, excess gas〔関連名詞〕；überschwappen オーバーフローする, over flow；übertreffen 勝る（凌駕する）〔関連動詞〕

2）発展した意味のもの

überarbeiten 修正する［改訂する（もちろん再帰動詞で「過労になる」の意味もあり）］；übernehmen* 引き受ける（羽織る）；überprüfen 再検査する, überschneiden sich 交叉する

＊ übernehmen；この語を使った好文例の一つとして，少し長くなるが PL 法の但し書きを示す. Die in dieser Broschüre enthaltenen Angaben und Informationen haben wir nach bestem Wissen und Gewissen zusammengestellt. Jedoch können wir für ihre Richtigkeit, insbesondere im Hinblick auf even-

37

tuelle Druckfehler keine Gewähr übernehmen. (出典：Mannesman Röhren-werke 社 パンフレット) このカタログに含まれている記載事項と情報は，最新の知識と良心に従って，まとめられています．しかしながら，それらの正確さ，特に印刷ミスについては，保証・責任を負いかねます．

1-64 umschlingen

この umschlingen は，他動詞であるが，分離と非分離とでは，同じ他動詞でも，ちょっと意味合いが違っているので，注意したい．分離動詞の場合は，sich $^{(3)}$ ein Halstuch umschlingen で，「自分の首にスカーフを巻きつける」のように用いる．なお，ここの sich $^{(3)}$ は，所有の３格と呼ばれている．非分離動詞としての場合には，巻きつくの意味となる．

~, dass das Seil die Rolle zu 270 ° umschlingt. ロープが 270 °の角度でロールに巻きつくこと．日本語の格を示す助詞と，ドイツ語のそれとは，必ずしも一致しないので，４格の助詞に注意して，「ロールに」と訳す（非分離動詞）．

なお，類語・関連語としては，次のような動詞がある．

umgreifen （取り囲むように）グリップする

umreifen ストラップする〔（帯金で）結びつける〕

umschließen 取り囲む

1-65 unter-（前綴り）で始まる動詞

unter-（前綴り）の動詞は，「下へ」という意味が薄くなった次のような動詞および関連名詞が，多く使われている．

Unterlagen 複 のみ 資料，documents〔関連名詞〕

unterlaufen 時には起こる；Unterlaufen dem Schweisser während der Prüfung begrenzte Fehler, darf mit Zustimmung der Aufsicht der Fehler ausgebessert werden. テスト中に溶接者が，限定的なミスを犯した場合でも，監督者の同意により，欠陥を修復してもよい．

unterliegen あることに定められている（免れない，～に左右される，～の影響下にある）；～, wie stark Messergebnisse dem Zufall unterliegen. いかに強く，測定結果が偶然によって決められてしまうことかを（左右されてしまうことかを）．別項 1-66 にほかの例文をまとめた．

unternehmen 請け負う（企てる）；Eisen- und Stahlindustrie haben große Anstrengungen unternommen, um eine Senkung des Energieverbrauchs zu erzielen.　鉄鋼業はエネルギー使用量の低減を達成するために，おおいなる努力を払ってきた.

Unternehmen 中　企業（会社），Firma 女　会社〔関連名詞〕

unterscheiden　区別する；Die hochlegierten Stähle <u>unterscheiden</u> sich von den niedriglegierten Stählen durch den Gesamtanteil der Legierungszusätze von über 5 %.　高合金鋼と低合金鋼は，総合金元素添加量が 5 % を超えるか否かで，区別する.

unterstellen　仮定してみる；<u>Unterstellt</u> man, dass ～, so könnte ein Betrag von ～ erwirtschaftet werden.　dass 以下のことを本当のことと仮定してみると，～の額が獲得され得るであろう.

1-66　unterliegen

この unterliegen は，「定められている」「免れない」「～に左右される」「～の基礎になっている」「～の影響下にある」などの意味であるが，3 格支配であることから，訳しづらい場合もあり，「～に」という訳にとらわれず，日本語の助詞を適切に使い分けることが必要である.

Die Anlage <u>unterliegt</u> keiner Genehmigungspflicht.　その設備には，認可義務がない.

～, dass die Einrichtung während der langen Lebensdauer keinem Verschleiß <u>unterliegt</u>.　その設備では，長い寿命の間，磨耗が生じないこと.

Die drehende Teile, die keinem Dauerbetrieb <u>unterliegen</u>.　連続運転の影響を受けない（連続運転が行なわれない）回転部位.

～, wie stark Messergiebnisse dem Zufall <u>unterliegen</u>.　いかに強く，測定結果が偶然によって決められてしまうことかを（左右されてしまうことかを）

1-67　unterwerfen, unterziehen

両単語は「に委ねる，任せる」などの意味として用いられる.

a）unterwerfen

～, dass man die Lösung der Polymerisation <u>unterwirft</u>.　その溶液を重合する（その溶液に重合を受けさせる）. sich unterwerfen は，「～を受ける」の意味である.

b）unterziehen

Zwei Testverfahren wurden einer Normierung nach DIN <u>unterzogen</u>.

二つのテスト方法は，DIN（ドイツ工業規格）の規格化審査を受けた（に委ねられた）．

Die Leitungen wurden im Werk einer Druckprüfung <u>unterzogen</u>. 工場内の配管の圧力検査を行なった（に委ねられた）．

1-68 verlaufen

verlaufen は，一般的には，「経過する」「生じる」「（〜の結果に）なる」などの意味で用いられることが多いが，技術系の文書・特許では，「延びて（通じて）いる」の意味で，使われることも多い．類義・関連語としては，sich erstrecken, sich strecken がある．

〜, dass die Schwenkachse in einer Draufsicht um einen Winkel ß nach hinten seitlich außen schräggestellt zur Fahrzeuglängsrichtung <u>verläuft</u>. 平面図中のスイング軸が，自動車の長手方向に対し，その後方サイド外側へ，ß 角だけ傾いて，延びていること．

sich erstrecken の例としては，以下の文がある．

Der Lieferungsbereich <u>erstreckt sich</u> von 17-144 l/hr bei einem Gegendruck von 4-12 bar. 供給範囲は，4-12 bar の吐出圧で，17-144 l/hr にわたっている．

〜, wobei das zweite Winkelstück zwei <u>sich</u> in entgegengesetzte Richtungen <u>erstreckende</u>, miteinander fluchtende Arme hat. ここで2番目のアングル部位には，反対方向に延びていて，互いに整列している二つのアームが備わっていること．

なお，名詞で用いられた例としては，「経過」の意味で，次のものがある．

kongruente Verläufe 完全に一致している（合同な）経過（グラフなどの）．

1-69 verstehen, beschreiben

verstehen は「〜の意に解釈する」，beschreiben は「〜を意味している」などと訳されることの多い語であり，技術説明の際によく用いられる．関連説明は，別項 1-17 参照のこと．

a) unter 〜 verstehen

<u>Unter</u> 'A' <u>versteht</u> man die in der Population einer Art vorhandenen Gene. 'A' は，ある種の集団（個体群）の中に存在する遺伝子のことである「ある種の集団（個体群）の中に存在する遺伝子は，'A' である（'A' と解釈する）」．

Unter Kofermentation <u>versteht</u> man die gemeinsame Vergärung.「Kofermentation」は，共同発酵のことである．

Unter Öl wird ein Anteil von 70% Neutrallipiden <u>verstanden</u>. いわゆる中性脂質の割合が 70% のものは，油である（油と解釈する；油は中性脂質の割合が 70% のものである）．

なお，verstehen の再帰動詞である sich verstehen は，次のようによく使われる動詞である．

Diese Preise <u>verstehen sich</u> freibleibend ab unserem Werk. これらの価格は，弊社工場渡し価格です．

Die Preise <u>verstehen sich</u> zuzüglich Mwst. in der jeweils gesetzlich gültigen Höhe. 値段には，（当然のことながら）それぞれ法律に従った額の付加価値税（Mwst）が加算されます（Mwst. は含まれません）．

b) beschreiben

Der begriff "Verstärkung" <u>beschreibt</u> die Erhöhung der intrazellulären Aktivität eines Enzymes. "Verstärkung" という概念は，細胞内酵素活性の高まりを意味したものである．

SF, der die obere Begrenzung der wahrscheinlichen zusätzlichen Krebserkrankung bei lebenslanger Aufnahme von 1 mg/kg <u>beschreibt</u>. SF（スロープファクター）という語は，一生涯にわたって，1kg 当たり 1mg を摂取した場合に起こりうるであろう将来の（可能性の大きい）癌罹患率上昇の上限を述べた（表わした）ものである．

1-70 versuchen, untersuchen

versuchen は「テストする」，untersuchen は「研究する，調査する，診察する」などの意味であるが，両者を比べると研究の意味合いの場合には，untersuchen を使うことが多い．

Bei der Krupp Stahl AG wurden <u>Versuche</u> zum schlackenarmen Frischen durchgeführt. クルップスチール（株）ではスラグの少ない精錬テストを実施した．〔関連名詞例〕

Das wird in den Betriebsversuchen <u>untersucht</u>. それについては操業規模テストで研究する．

1-71　vorsehen

　vorsehen は，「意図する」「あらかじめ備える」などの意味で，機器の配置・機能の説明などでよく用いられる．

～, dass eine zur Aufnahme der Feder A <u>vorgesehene</u> hinterschnittene Nut B angeordnet ist.　スプリング A の保持用に，あらかじめ考えてくりぬいた溝 B が，配置されていること．

似たような綴りの etwas mit etwas⁽³⁾ versehen は，「～に～を装置する（装備する）」の意味で使用される．

1-72　weisen

これに関連する語は多く，また有用なので，気をつけたい．

abweisen　拒絶する〔関連動詞〕

anweisen　指示する〔関連動詞〕

aufweisen　提示する（～がある，～を備えている，誇るべき～を持っている）〔関連動詞〕；Das Verfahren <u>weist</u> folgende Vorzüge <u>auf</u>. (Stahl und Eisen, 118, Nr.8, p.80)　このプロセスは，以下のような利点を備えている．

beweisen　証明する〔関連動詞〕；Hier wurde unter <u>Beweis</u> gestellt, dass ～　ここで dass 以下のことが，証明された．

hinweisen　言及する（示唆する）〔関連動詞〕；Bei SSAB <u>weist</u> man darauf <u>hin</u>, dass ～　SSAB 社では，dass 以下のことに言及している．

nachweisen　証明する〔関連動詞〕

zurückweisen　不合格として外す〔関連動詞〕；Die Probe kann <u>zurückge-wiesen</u> werden, wenn die Prüfung nicht genügt.　もしテストが満足の行くものでない場合には，そのサンプルは不合格として外してもよい．

auf diese Weise　このやり方で〔関連名詞句〕

1-73　etwas⁽³⁾ zukommen, Es kommt zu ～⁺³

　この用法は，極めてドイツ語的であるが，技術系の文でも頻出するので，独和・和独両面で慣れておきたい用法である．

1）etwas⁽³⁾ zukommen の例

In Zeiten knapper werdender Trinkenwasserressourcen <u>kommt</u> dem

schonenden Umgang mit dem Rohstoff Wasser immer mehr Bedeutung zu. 飲料水源が逼迫してきている時期には，原料である水とのやさしい付き合い方が，ますます重要になってくる．文中，Rohstoff と Wasser は，いわゆる同格表現になっている．また，knapper werdend は，werden の自動詞の例で，より逼迫しているの意味である．Umgang が3格となっていることに注意したい．

zukommen と同じような使われ方をするものに，zufallen がある．

Beim Austausch der Modelle fällt dem einwandfreien Produktdatentransfer enorme Bedeutung zu. モデル交換の際には，障壁のない製品データの転送というものが，非常に重要になる（直訳：転送に重要な意味が与えられる）．

2）Es kommt zu ~$^{+3}$ の例：～（のような事態）になる

Aufgrund der Rundung kann es bei der Summenbildung zu geringfügigen Abweichungen kommen. 総計を出す際には，数字を丸めることにより，わずかにずれが生じる．

Kommt es infolge eines Störfalls zur Überschreitung des zulässigen Druckes, öffnet das Sicherheitsventil. もしトラブルにより，許容圧力を超えるような場合には，その安全弁が開く．

1-74 zuordnen, vorordnen, nachordnen

この3格支配の動詞 zuordnen は，たびたび出てくるが，辞書に十分には載っていないことも多く，翻訳しづらい語の一つである．筆者の経験では，以下のような訳語が，当てはまることが多かった．

すなわち，文意によるが，「付属・付随する」「取り付ける」「含む」「起因する」「割り当てる」「位置している」「関係づける」などである．

Den Messdaten wurden die Daten aus dem jeweiligen Walzprogramm zugeordnet. それぞれの圧延プログラムからのデータと，測定データは，関連づけされている（関連性がある）．

mit wenigstens zwei einen den Flachprodukten zugeordneten Spalt begrenzenden Maschineelementen. 平らな製品に割り当てられているギャップで接している，少なくとも二つの機械部位を備えた～．なお，ここの begrenzend は，別項 1-30 で触れたように4格をうまく訳すようにしたい．

Sollte Ihr CD-ROM Laufwerk einem anderen Laufwerkbuchstaben als "d" <u>zugeordnet</u> sein, 〜　お使いの CD-ROM ディスクが，（万一）d 以外のディスク文字になっている場合には，〜.（お使いの CD-ROM ディスクに，（万一）d 以外のディスク文字が割り当てられている場合には，〜）

Walzgerüst mit Arbeitswalzen <u>zugeordneten</u> Stützwalzen（EP1252941）ワークロールに付随しているサポートロールを備えたロールスタンド.

〜, wobei den Stützwalzen Biegeblöcke <u>zugeordnet</u> sind.（EP1252941）ここでベンディングブロックは，サポートロールに取り付けられている（付随している）.

vor-und nachordnen の例としては，次の文がある.

die dem Bremsspalt <u>vor-und nachgeordneten</u> Sensoren.　ブレーキギャップの前後に配置されている（取り付けられている）センサー.

名詞としての使い方の例としては，次のような文例がある.

Auf der Düse ist Lineal angebracht, mit fester <u>Zuordnung</u> der Lineal-vorderkante zur Düsenspitze.（Stahl und Eisen,Nr.6, 1998）　ノズル上には，直定規が配置されていて，その前縁が，ノズル先端に向かって位置決め固定されて取り付けられている.

Nach <u>Zuordnung</u> einer Funktion zu dem betreffenden Abschnitt der Nukleotidsequenz wird von einem Gen gesprochen.　いわゆる遺伝子については，ヌクレオチド配列の当該分節の機能関係に従って，述べることとする.

2．名詞（Substantiv）

2-1 化学物質関係の名詞の語尾の独英比較

　化学物質関係の名詞に関し，独英語間相互で間違いなく置き換えることができるように，よく出てくる語について，いくつかを分類した．以下の比較確認は，合成語（複合語）を的確に理解するうえでも，必要と思われる．

1）英語の語尾に -e がつく語

Amid 中　アミド→ 英 amid<u>e</u>

Benzen 中　ベンゼン→ 英 benzen<u>e</u>

Cholin 中　コリン→ 英 cholin<u>e</u>

Oxid 中　酸化物→ 英 oxid<u>e</u>

Phenylalanin 中　フェニルアラニン→ 英 phnylalanin<u>e</u>

Phosphat 中　リン→ 英 phosphat<u>e</u>

2）合成名詞の場合に英語の語尾に -o がつく語

Chlornitrobenzol 中　クロロニトロベンゼン→ 英 chlor<u>o</u>nitrobenzene

Cyanethyl 中　シアノエチル → 英 cyan<u>o</u>ethyl

3）英語の語尾に -ic がつく語

Benzoesäure 女　安息香酸→ 英 benzo<u>ic</u> acid

Cholsäure 女　コール酸→ 英 chol<u>ic</u> acid

独 **phosphon**　リンの（形容詞の例）→ 英 phosphon<u>ic</u>

4）英語の語尾に -in がつく語

Benzoe 女　安息香→ 英 benzo<u>in</u>

5）英語の語尾に -a がつく語

Adenom 中　または Adenoma 中　腺腫→ 英 adenom<u>a</u>

Erythem 中　紅斑（紅疹）→ 英 erythem<u>a</u>

Hämatom 中　血腫→ 英 hematom<u>a</u>

Lungenemphysem 中　肺気腫 → 英 pulmonary emphysema

Lymphom 中　リンパ腫→ 英 lymphoma

Myom 中　筋腫→ 英 Myoma

Ödem 中　浮腫→ 英 edema

Papillom 中　パピローマ（乳頭腫）→ 英 papilloma

Parenchym 中　実質→ 英 parenchyma

Syndrom 中　症候群→ 英 syndroma

Aortenaneurysma 中　大動脈瘤は，5)の例外ともいえる語であり，英語がaortic aneurysm で，a が付いていないことに，気を付ける必要がある．Parathyreoidea 女　副甲状腺も同様に，英語にa が付いていない，英 parathyreoid, parathyroid.

以上とは別に語中の文字に関し，ドイツ語化の過程にある外来語にあっては，母音a, o, u および子音の前のC はK に，e とi の前のC はZ に書き換えられる（英 copie → 独 Kopie, 英 penicillin → 独 Penizillin）（出典：現代ドイツ文法（第 11 刷），白水社，1983, p.370）

2-2　角度の語

さまざまな技術的説明で出てくる角度であり，適切な日本語訳が必要であることから以下に関連語をまとめてみた．ここでは計 123 語採り上げた（アルファベット順）．

Anfahrabstützwinkel 男　発進サポート角，start-up support angle

Anstellwinkel 男　迎え角（縦ゆれ角，入射角），類 Erhebungswinkel 男，elevation angle, angle of attack（AOA），approach angle, angle of incidence, angle of inclination

Arbeitseingriffswinkel 男　かみ合い圧力角，類 Kraftangriffswinkel 男，working pressure angle

Auffangwinkel 男　受光角，acceptance angle, light receiving angle

Auflagewinkel 男　サポート角度，angle of support

Ausschlagwinkel 男　ステアリングロック角度（ふれの角度），angle of stearing lock, deflection angle

Aussparungswinkel 男　（歯車の）遠のき角，angle of recess

Austrittswinkel 男　出口角（流出角），exit angle

Azimutwinkel 男　アジマス角，azimuth angle

Berührungswinkel 男　（軸受の）接触角，contact angle

2-2 角度の語

Böschungswinkel 男　傾斜角（たわみ角），類 Neigungswinkel 男，angle of slope

Brechungswinkel 男　屈折角，類 Refraktionswinkel 男，angle of refraction

Brustfreiwinkel der Hauptschneide 男　（刃物の）横逃げ角，side clearance angle

Durchbiegungswinkel 男　たわみ角，angle of deflection

dynamischer Kontaktwinkel 男　動的接触角，dynamic contact angle

Einfallswinkel 男　入射角，angle of incidence

Eingriffswinkel 男　圧力角，angle of pressure

Einstellwinkel 男　切り込み角度（調整角度），adjustable rake angle，angle of adjustment

Eintrittswinkel 男　入口角（流入角），entering angle，angle of contact

Ergänzungskegelwinkel 男　背円錐角，back cone angle

Erhebungswinkel 男　迎え角，elevation angle

Erhöhungswinkel 男　高低角（迎え角，射角）angle of site，quadrant elevation，angle of elevation

erweiterter Betrachtungswinkel 男　拡大視野角，extended viewing angle

Fase 女　面取りした角（かど）（面取り），chamfer

Fasenwinkel 男　開先角，類 Öffnungswinkel 男，Schweißkantwinkel 男，groove angle，angle of bevel

Flankenwinkel 男　ベベル角度（ねじ山の角度），bevel angle，angle of thread

Fortschrittswinkel 男　前進角，sweepforward angle，angle of advance

Freiwinkel 男　前逃げ角，clearance angle

Freiwinkel der Hauptschneide 男　刃口の前逃げ角，front clearance angle

Fußkegelwinkel 男　歯底円錐角，root cone angle

Fußwinkel 男　歯元角（歯底角），deddendum angle

gegenüberliegender Winkel 男　対角，opposite angle

Gleitflugwinkel 男　滑空角，gliding angle〖航空関係語〗

Greenwicher Stundenwinkel 男　グリニッチ時角（グリニジ時角），Greenwich hour angle〖航空・物理関係語〗

Greifwinkel 男　接触角，類 Kontaktwinkel 男，Randwinkel 男，contact angle

Grenzwinkel 男　臨界角（レーザーなどの），critical angle〖光学・物理関係語〗

47

halber Öffnungswinkel 男　半開口角，half aperture angle〖光学・物理関係語〗

Hanganfahrwinkel 男　スロープスタートアップ角，slope start-up angle

Hinterüberhangwinkel 男　後オーバーハング角（デパーチャー角，後方突き出し角），rear overhang angle，deperture angle

Hochofenschachtwinkel 男　（高炉の）炉胸角，angle of stack shaft，stack angle

Horizontalwinkel 男　水平角（地平角），horizontal angle

innerer Ergänzungskegelwinkel 男　（前円錐の）前面角（傘歯車の），front cone angle

Kegelwinkel 男　円錐角，Konuswinkel 男，angle of opening，angle of cone of dispersion，cone angle

Kleinhirnbrückenwinkel 男　小脳橋角（部），cerebellopontine angle〖医薬関係語〗

Knickwinkel 男　連接角（牽引角），articulation angle，traction angle

Komplementwinkel 男　余角，類 Ergänzungswinkel 男，complementary angle

Komplementwinkel des Rückenkegelwinkels　（傘歯車の）背円錐角の余角，back cone complementary angle

Konizitätswinkel 男　コニシティ角，conicity angle

Kontaktwinkel 男　接触角，類 Randwinkel 男，Greifwinkel 男，contact angle

Konuswinkel 男　円錐角，類 Kegelwinkel 男，angle of opening，angle of cone of dispersion，cone angle

Kopfkegelwinkel 男　歯先円錐角，face cone angle

Kopfwinkel 男　歯末角，head angle

Kraftangriffswinkel 男　噛み込み圧力角（かみ合い圧力角），類 Arbeitseingriffswinkel 男，working pressure angle

Kurbelwinkel 男　クランク角度（クランク角），crank angle

Laufradeintrittswinkel 男　羽根入口角，類 Schaufeleintrittswinkel 男，inlet blade angle

Lenkkopfwinkel 男　ステアリングヘッド角，steering head angle

Lenkwinkel-Backbord　左舷ステアリング角，steering angle-port side，LBB

2-2 角度の語

Lenkwinkel–Steuerbord 右舷ステアリング角, steering angle- starboard side, LSB

magischer Winkel 男 マジック角, magic angle

Nachlaufwinkel 男 ポジティブキャスター角, angle of positive caster

Neigungswinkel 男 傾斜角, 類 Böschungswinkel 男, angle of gradient, angle of inclination

Nullauftriebswinkel 男 無揚力角, no-lift angle, zero-lift angle〖航空関係語〗

Öffnungswinkel 男 開先角度（開口角）, groove angle, angle of bevel, angle of spread, opening angle

Ortsmissweisung 女 （磁針の）偏角, Om, declination, angle of deviation〖物理・交通・機械関係語〗

Pfeilwinkel 男 後退角, angle of sweepback

Phasenanschnittsteuerung 女 位相角制御, phase-angle control

Phasenwinkel 男 位相角, phase angle

Polarwinkel 男 インボリュート角（極角, 極座標）, polar angle （involute）〖電気・機械・光学関係語〗

Polradregelung 女 回転子偏位角制御（位相角制御）, rotor displacement angle control, phase angle control〖電気・機械関係語〗

Pressungswinkel 男 圧力角, pressure angle, angle of obliquity

Profilwinkel 男 歯形角, angle of profile

Querneigungswinkel 男 バンク角, angle of bank

Radspreizungswinkel 男 キングピン傾角, kingpin inclination

Randwinkel 男 接触角, 類 Kontaktwinkel 男, Greifwinkel 男, contact angle

Raumwinkel 男 立体角（空間角）, solid angle, spatial angle

Reflexionswinkel 男 反射角, 類 Reflexwinkel 男, angle of reflection

Reflexwinkel 男 反射角, 類 Reflexionswinkel 男, angle of reflection

Refraktionswinkel 男 屈折角, 類 Brechungswinkel 男, angle of refraction

Rückenkegelwinkel 男 背円錐角, 類 Ergänzungskegelwinkel 男, back cone angle

Schachtwinkel 男 炉胸角, 類 Hochofenschachtwinkel 男, angle of shaft, angle of stack shaft〖製銑関係語〗

49

2. 名詞（Substantiv）

Schaltarm-Winkelmesser 男　レバー分度器，lever protractor

Schaufelaustrittswinkel 男　羽根出口角，blade outlet angle

Schaufeleintrittswinkel 男　羽根入口角，類 Laufradeintrittswinkel 男，
inlet blade angle，inlet angle of impeller

Schaufelwinkel 男　羽根取り付け角（ブレード角），blade angle

schiefwinkelig　斜交の，類 schiefliegend，askew

Schneidenwinkel 男　切れ刃角（切り込み角），類 関 Schneidwinkel 男，
Schnittwinkel 男，cutter angle，cutting edge angle

Schneidwinkel 男　削り角（切削角），類 関 Schnittwinkel 男，Schneiden-
winkel 男，cutting angle

Schnittwinkel 男　切削角，類 関 Schneidwinkel 男，Schneidenwinkel 男，
cutting angle

Schrägungswinkel 男　ねじれ角，類 Torsionswinkel 男，Verdrehungswin-
kel 男，angle of torsion，warp angle，helix angle（ねじ，歯車，切削工具，
ほかにおける）

Schraubenwinkel 男　つる巻角，screw angle，helical angle

Schüttwinkel 男　安息角，angle of repose

Schweißkantwinkel 男　開先角度，類 Öffnungswinkel 男，Fasenwinkel 男，
groove angle，angle of bevel

Schwenkwinkel 男　首振り角度，類 関 Schwingwinkel 男，Pendelwinkel 男，
swing angle，oscillating angle

Schwingwinkel 男　振動角（振り角），vibrating angle. oscillating angle

Sehwinkel 男　視角，visual angle，angle of sight

Seitenspanwinkel 男　横すくい角，side rake angle

Sinuswinkel 男　正弦波角，sine angle

Spanwinkel 男　すくい角，rake angle

Spitzenspanwinkel 男　前すくい角，front top rake angle

Steigungswinkel 男　リード角（食付き角，取り付け角，ピッチ角），lead
angle，inclination angle，pitch angle

Sternstundenwinkel 男　星時角，star hour angle，SSW〖航空関係語〗

stumpfer Winkel 男　鈍角，an obtuse angle

Sturzwinkel 男　キャンバー角，camber angle

Supplement 中　補角，supplementary angle

Teilkegelwinkel 男 ピッチ円錐角

Torsionswinkel 男 ねじれ角, 類 Schrägungswinkel 男, Verdrehungswinkel 男, angle of torsion

Trichterschräge 女 コーン傾斜面（ホッパー角）, cone inclination, hopper angle

Überhangwinkel 男 突き出し角, overhang angle

Überschneidungswinkel 男 交差角（交叉角）, 関 Verschränkungswinkel 男, crossing angle

Umlenkungswinkel 男 転向角, deflection angle, turning angle

Verdrehungswinkel 男 ねじれ角, 類 Schrägungswinkel 男, Torsionswinkel 男, angle of torsion

Vergenzwinkel 男 集散角, vergence angle

Verschiebungswinkel 男 変位角（ずれ角, 遅れ角）, displacement angle, rotation angle

Verschränkungswinkel 男 交差角（交叉角）, 関 Überschneidungswinkel 男, cross angle

vorderer Überhängwinkel 男 前オーバーハング角（アプローチ角, 前方突き出し角）, 類 Vorüberhangwinkel 男, front overhang angle, approach angle

Vorlaufwinkel 男 ネガティブキャスター角, negative caster angle, offset angle

Vorüberhangwinkel 男 前オーバーハング角, front overhang angle

Werkzeugeingriffswinkel 男 工具圧力角（歯車創成などの）［工具係合（嵌合）角］, angle of tool engagement

Winkelbeschleunigung 女 角加速度, angular acceleration

Winkel des Diffusorkegels 男 ディフューザーコーンの角度, diffuser angle

Winkelgeschwindigkeit 女 角速度, angular velocity

Winkelhalbierende 女 角二等分線, bisectors, angle bisector

Winkel zwischen Arbeitsfläche und Mittellinie des Schaftes 男 取り付け角, 類 Steigungswinkel 男, angle of incidence, setting angle

Wulstsitzwinkel 男 ビードシート角, bead seat angle, bead seat contour

2-3 稼動の語

技術文の序論もしくは設備の説明で必ずといっていいほど出てくる表現または単語である.

Diese Anlage wird Ende Mai in <u>Betrieb</u> gehen. この設備は, ５月末に稼

動する．"in Produkution gehen" も生産に入るということで，同様に用いられる．

Inbetriebnahme dieser Anlage wird Ende Mai erfolgen.　この設備の稼動開始（試運転，立ち上げ）は５月末になる．Inbetriebsetzung 囡　稼働開始も同様に用いられる．

Wir haben schon diese Anlage in Betrieb genommen.　我々は既にこの設備を稼動させた．außer Betrieb genommen は稼動を中止した，の意味．

「稼動」に関連して，「準備中」「スタンバイ」の表現には次がある．

Diese Anlage ist in Vorbereitung.　この設備は準備中である．

Diese Anlage steht in Betriebsbereitschaft.　この設備はスタンバイしている．

以上の "Betrieb" とは少し違うが，よく用いられる語に，Betriebssystem がある．これはコンピュータ用語で，いわゆる 'OS'，Operating System 基本ソフトを意味している．

なお，"Betrieb" の厳密な意味は，英語の operation に相当する「稼動」で，work process に相当する Arbeitsvorgang 男　運転・作動（プロセス）とは，区別されている．

2-4　カム類の語

機素の代表的なものであり，次のようなものがある．

Daumen 男　カム

Kurven-Steuerscheibe 囡　板カム

Nocken 男　カム

Positivnocken 男　確動カム

Schiefscheibe 囡　回転斜板カム

Taumelscheibe 囡　回転斜板カム

Treibplatte 囡　回転斜板カム

Übertragungsdaumen 男　直動カム（伝動カム）

zwangsläufigbewegender Nocken 男　確動カム，類 Positivnocken 男

2-5　間隔

これもよく出てくる語である．

Intervall 中　間隔；in Intervalle mit der Schrittweite von 5 MW　5MW の目盛（元々は歩幅の意味）の間隔で

Lanzenabstand 男　ランス高さ・間隔〖製鋼関係語〗

Spanne 女　間隔

Sprung 男　一跳びの長さ，ただし，次のように「間隔」という意味でも用いられる；Die Einzelbrammengewichte können in Sprnügen von 2 t variiert werden.　個々のスラブ重量は，2トン間隔ごとになっている（で変化する）.

Strecke 女　間隔（ライン），Strecke については別項 2-62 参照.

Walzspalt 男　ロールギャップ

2-6　制御，作動，挙動などの関連用語

技術論文にたびたび出てくる「制御」「作動」「挙動」であるが，適切に理解できるよう，その合成語も含めてまとめてみた．しかし，文意により訳語は適宜使い分ける必要がある.

1）制御，コントロール，操作

Bdienfeld 中　制御パネル

Bedienung 女　制御（作動，操作）

Betätigung 女　制御（操作，作動）；Betätigungsglied 中　制御部位・要素

Drahtführungsarm 男　線材圧延張り出しアーム・ガイド

Führung 女　案内（運転，操縦）

Führungsachse 女　導軸

Führungsrolle 女　エプロンロール

Führungsspanne 女　管理・コントロール間隔

geführte Stromversorgung 女　追従・従動電力供給

Konntrolle 女　コントロール（制御，操縦，検査）；Konntrollversuch 男　コントロールチェックテスト

kontrollieren　コントロールする（制御する），〔関連動詞〕；temperaturkontrolliert　温度コントロールされた

Leit-；Leitstand 男　コントロール台

-lenkung；Qualitätslenkung 女　品質コントロール

Menüführung 女　（パソコンなどの）メニュー指示

Netzführung 女　ネットワークコントロール

Ofenführung 女　炉操業コントロール

Regel-；Regeleinheit 女，コントロールユニット，Regelschleife 女　コントロールループ

2. 名詞 (Substantiv)

-regelung；Banddickenregelung 囡　ストリップ厚みコントロール

Säulenführungsgestell 匣　ダイセット

Stell- ；Stellgrenze 囡　コントロール限界，Stellglied 匣　最終コントロールエレメント（最終制御要素，最終制御部位）

Steuer- ；Steuereinheit 囡　コントロールユニット，Steuerpult 匣　コントロール・オペレーティングパネル（制御盤）

Steuerung 囡　制御（装置）〔運転（装置）〕

-steuerung；SPS-Steuerung 囡　PLC 制御ユニット；Durchgasungssteuerung 囡　通気コントロール

Strangführung 囡　ローラーエプロン（ストランドガイド）

Temperaturführung 囡　温度コントロール

2) 挙動，運転

fahren 運転する（操縦する）〔関連動詞〕

sich bewegen 動く（振舞う）〔関連動詞〕

sich verhalten 振舞う〔関連動詞〕

Verfahrweg 男　作動範囲

Verhalten 匣　挙動（特性，アクション）；Zweipunktverhalten 匣　オンオフアクション

2-7　ぎりぎりの，できるだけの意味を有する名詞，関連語

Auslastung 囡　ぎりぎりの仕事をさせること（限界負荷能力，使用度）

Ausnutzung 囡　使い切ること（有効利用）

Ausschöpfung 囡　利用し尽くすこと

-möglich の形の関連副詞・形容詞

geringstmöglich　できるだけ少なく

größtmöglich　できるだけ大きく（ぎりぎりの大きさの）

frühestmöglich　できるだけ早く

schnellstmöglich　できるだけ速く

möglichst 〜 の形の関連副詞・形容詞

von möglichst wenigen Umlagerungen　できるだけ置き換えを少なくして

bei möglichst transparenter Abläufe　できるだけ透明なプロセスにおいて

2-9 軸受, 軸, 駆動, 伝動関係語

2-8 公称, 定格, 標準化の語

1) 公称

Nenndicke 女 公称厚み

Nennleistung 女 公称容量;für nominal 900 l / min. ausgelegt 公称 900 l / min. にレイアウトした・設定した.

Nennwert 男 公称値, nominal value

2) 定格

Bemessungswert 男 定格値, rated value, design value

3) 標準化, 規格化

Normierung 女, 類 Normung 女, Standardisierung 女;normieren 規格化する(標準化する)〔関連動詞〕

2-9 軸受, 軸, 駆動, 伝動関係語 (Lager, Achse, Welle, Zapfen, Antrieb, Getriebe)

1) 軸受・ベアリング

軸受・ベアリング関係語をアルファベット順に 56 語列挙した. 適訳を見つけていただきたい.

Außenring 男 外輪, outer ring

automatish selbsteinstellendes Kugellager 中 自動調心玉軸受け, self-aligning ball bearing

Axialkugellager 中 スラスト玉軸受, thrust ball bearing

Axiallager 中 つば軸受け(スラスト軸受), thrust bearing

Berührungswinkel 男 (軸受の)接触角, contact angle

Blocklager 中 パッド軸受, pad thrust bearing

Bocklager 中 ブラケット軸受け(ペデスタル軸受), bracket bearing, pedestal bearing

Brückenlager 中 ブリッジベアリング(ブリッジサポート, 橋梁支承), bridge bearing, bridge support

Dreipunkt-Kugellager 中 3点接触玉軸受, three-point ball bearing

Drucklager 中 スラストベアリング, 類 Schublager 中, thrust bearing

2. 名詞 (Substantiv)

einteiliges Lager 囲　一体軸受，solid bearing

Festlager 囲　位置決め・取り付けベアリング（固定軸受），locating bearing, fixed bearing

freibewegliche Lagerbuchse 囡　浮動軸受ブッシュ，freely movable bearing bush

Führungslager 囲　ガイドベアリング（補助軸受，パイロットベアリング），guide bearing, pilot bearing

Gelenklager 囲　ジョイントベアリング（ピボットベアリング），joint bearing, pivoting bearing

Gleitlager 囲　滑り軸受，sliding bearing

Halslager 囲　つば軸受，類 Axiallager 囲，Längslager 囲，collar bearing, neck journal bearing

Hublager 囲 複　ピンベアリング，pin bearings

Kalottenlager 囲　押し込みベアリング（球面軸受），cap and ball bearing, spherical bearing

Kammlager 囲 複　カラースラストベアリング，collar thrust bearings

Kegelrollenlager 囲　円錐ころ軸受（テーパーころ軸受），類 Konusrollenlager 囲，taper roller bearing

Kipp-Blocklager 囲　ティルティングパッド軸受，tilting pad bearing

Kipplager 囲　ピボットベアリング，類 Zapfenlager 囲，Schwenklager 囲，Gelenklager 囲，pivoting bearing

Konusrollenlager 囲　テーパーころ軸受，taper roller bearing

Kugellager 囲　ボールベアリング，ball bearing

Kugellager mit Deckscheibe 囲　シールド玉軸受，shield ball bearing

Lager 囲　サポート（軸受け，ベアリング，倉庫，ストック），support, bearing

Lagerachse 囡　軸受中心軸（サポート軸），bearing axis

Lagerbock 男　軸受台，類 Lagersockel 男，bearing support, bearing bracket, bearing pedestal

Lagerluft 囡　ベアリング間隙（軸受隙間），bearing clearance

Lagerung 囡　軸受，bearing

Lagerschale 囡　軸受ブッシュ（軸受面，座面），類 Sitzauflage 囡，Anlagefläche 囡，Auflagefläche 囡，bearing shell, bearing sheet, bearing box

Lagerscheibe 囡　（ころがり軸受の）軌道輪（ベアリングディスク），類 Lager-

2-9 軸受, 軸, 駆動, 伝動関係語

ring 男, Laufring 男, bearing disc, race

Lagerzapfen 男　ベアリングピン（ベアリングネック）, bearing neck, bearing pin

Leitachse 女　先車軸, leading axle

Loslager 中　浮動ベアリング（浮動支承, 可動支承）, movable bearing, floating bearing

Nadellager 中　ニードルころ軸受, needle roller bearing

Pendellager 中　芯合せころ軸受け（振り子支承, 自動調心軸受, 調心軸受, 心合せ軸受）, pendulum bearing

Pendelkugellager 中　自動調心玉軸受け, self-aligning ball bearing

Pleuelfusslager 中　クランクピン軸受（大端部軸受）, crank pin bearing, big (bottom) end bearing

Pleuellager 中　コネクティングロッドベアリング（ビッグエンドベアリング, コンロッド軸受, 連桿軸受）, connecting rod bearing

Radiallager 中　ラジアル軸受, radial bearing

Rillenkugellager 中　深溝形玉軸受, deep groove ball bearing

Ringschmierlager 中　オイルリング軸受（リング潤滑ベアリング）, ring-lubricated bearing

Rollenlager 中　ころ軸受, roller-bearing

Schrägkugellager 中　アンギュラーコンタクト玉軸受, angular contact ball bearing

Schublager 中　スラストベアリング, 類 Drucklager 中, thrust bearing

Schulterkugellager 中　マグネット型玉軸受, magneto ball bearing

Schwenklager 中　ヒンジベアリング（ピボットベアリング, スピンドル）, hinji bearing, pivot bearing, swivel bearing

selbstadjustierendes Lager 中　自動調心軸受, 類 automatisch selbsteinstellendes Lager 中, Pendellager 中, self-aligning bearing

Stehlager 中　ペデスタル軸受, pedestal bearing

Tonnenlager 中　球面ころ軸受, spherical roller bearing

Traglager 中　サポート軸受, support bearing

Verschlusslager 中　ロックベアリング, lock bearing

Wälzlager 中　潤滑ベアリング（ローラーベアリング, すべり軸受, ころがり軸受）, antifriction bearing

57

2. 名詞 (Substantiv)

Wellenscheibe 女　内輪（スラスト軸受の），shaft locating washer

Zapfenlager 中　ピボット軸受［ジャーナル軸受（滑り軸受のときの慣例の呼称）］，類 Gelenklager 中，Kipplager 中，Schwenklager 中，pivot bearing，journal bearing，trunnion bearing

2）軸関係語

軸関連語を 30 例挙した.

Abtriebswelle 女　従動軸（アウトプット軸，カウンター軸），driven shaft

Achse 女　軸（心棒），axle, spindle

Drehachse 女　回転軸（DA），revolving shaft, rotating shaft, axis of rotation, rotation axis

Dreiviertelachse 女　四分の三浮動車軸，類 dreiviertelfliegende Achse 女，three-quarter floating axle

Frässpindel 女　フライス軸，milling spindle

Getriebewelle 女　歯車軸，gear shaft

Hochachse 女　高さ方向軸，vertical axis

Lagerachse 女　サポート軸（軸受中心軸），support axle, bearing axle

Mehrkeilwelle 女　多コッターシャフト，multi-cotter shaft

momentane Achse 女　瞬間軸線，instantaneous axis

neutrale Achse 女　中立軸，類 Nulllinie 女，neutral axis

Nockenwelle 女　カム軸，camb shaft

Nutwelle 女　溝シャフト（溝付軸），grooved shaft, spline shaft

Rotationsachse 女　回転軸，rotation shaft

Schwingwelle 女　搖動軸（揺れ軸），swinging shaft

Spindel 女　軸（心棒，スピンドル），spindle

Spindelkasten 男　主軸台，headstock

Tandemachse 女　タンデム軸，tandem axle

Turbinenwelle 女　タービン軸，turbine shaft

Übertragungswelle 女　伝動軸（変速機軸），transmission shaft

Vorderachse 女　フロントアクスル（前車軸），front axle

Vorgelege 中　中間歯車（カウンターシャフト，副軸，第１段減速装置），intermediate gear, countershaft laid shaft, primary reduction gear

Welle 女　軸（シャフト，波，電波），shaft, axle, wave

2-9 軸受，軸，駆動，伝動関係語

Wellenachse 女　軸中心線（軸芯），shaft axis

Wellenbund 男　シャフトカラー，shaft collar

Wellendichtring 男　軸封リング（WDR），shaft seal ring

Wellendurchgang 男　軸路（軸開口部），shaft passage，shaft opening

Wellenende 中　軸延長部（軸端部），shaft extension，shaft end

Wellenlager 中　軸受け，bearing

Wellenscheibe 女　内輪（スラスト軸受の），shaft locating washer

Wellenzapfen 男　シャフトジャーナル，shaft journal

3) Zapfen 類

Drehzapfen 男　トラニオンベース（ピボット，ジャーナル），trunnion base, pivot，journal

Führungszapfen 男　中心ピン（案内ピン，キングピン），guide pin

Gewindezapfen 男　ねじピン（ピボット），threaded pin

Hubzapfen 男　クランク，crank

Kurbelzapfen 男　クランクジャーナル（クランクピン），crank journal

Lagerzapfen 男　ベアリングネック，bearing neck

Wellenzapfen 男　シャフトジャーナル，shaft journal

Zapfen 男　ジャーナル「ピボット，トラニオン（転炉など），シャフト，ネック」，journals

Zapfenlager 中　ジャーナル軸受け，journal　bearing

4) 駆動関係語

Antrieb 男　駆動装置（推進），drive

Antriebsachse 女　駆動軸，drive axle，drive shaft

Antriebsaggregat 中　エンジンユニット，drive unit

Antriebskraft 女　駆動・推進力，driving force

Antriebsmotor 男　原動機，drive motor

Antriebsrad 中　動輪（駆動歯車），drive wheel

Antriebswelle 女　駆動軸，drive shaft

Spindelantrieb 男　軸駆動，spindle drive

2. 名詞 (Substantiv)

5）伝動関係語

Getriebe 囲　伝動装置（ギヤー，歯車装置），gear，transmission

Getriebebremse 囡　ギヤーブレーキ，gear brake

Getriebegehäuse 囲　ギヤーボックス，gearbox

Getrieberad 囲　伝動歯車，gearwheel

Getriebewelle 囡　歯車軸，gear shaft

2-10　循環を表わす語

kreisen　循環する（回転する）〔関連動詞〕

Kreislauf 男　循環（回転）；ein geschlossener Kreislauf　クローズドループ

Periode 囡　循環（周期）

periodisch　周期的な（循環する）；aus periodischem Kontakt　周期的なコンタクトから〔関連形容詞・副詞〕

Umlauf 男　循環（回転）

umlaufen　循環する（回転する）〔関連動詞〕

Zirkel 男　循環（サークル）

zirkular　循環する（周期的な）〔関連形容詞・副詞〕

Zirkulation 囡　循環（回転）

zirkulieren　循環する；Der Chromelektrolyt zirkuliert über die großvolumigen Elektrolytbehälter.　クロム電解液が大容量の電解液槽を循環する.〔関連動詞〕

zyklisch　循環の（周期的な，環式の）〔関連形容詞・副詞〕

Zyklus 男　循環（サイクル）

ちょっと違うが，意味の似たものとして，次の語がある.

Schleife 囡　ループ；Planheitsregelschleife 囡　平坦度コントロールループ

Schlinge 囡　ルーピング；Schlingengrube 囡　ルーピングピット

なお，順番，サイクル，シーケンスなどについては，次項 2-11 にまとめた.

2-11　順番，サイクル，シーケンスなどの語

1）順番

Rangfolge 囡　順位・席次

Reihenfolge 囡　順番；Einlaufreihenfolge 囡　ランインの順序；in der Reihenfolge A, B und C　ABC の順番で；in der richtigen Reihenfolge　正し

い順番で；reihig　順番の〔関連形容詞・副詞〕

2）サイクル

Taktfolgezeit 女　サイクルシーケンスタイム；Zykluszeit 女　サイクルタイム

3）シーケンス

Stichfolge 女　圧延・圧下シーケンス

なおここの「サイクル」などから出てくる「循環」については，前項 2-10 にて述べた．
さらに，関連する nachführen およびその派生語については別項 1-54 にてまとめた．

2-12　シリカゲル，シリカの類語

精錬，レンガ，化学の分野で，よく出てくる化合物であるが，訳語を間違えやすいので，まとめてみた．

Kieselerde 女　シリカ（SiO_2）

Kieselgel 中　シリカゲル，silica gel

Kieselgur 女　珪藻土，kieselguhr

Kieselsäure 女　珪酸，silicic acid

Silan 中　シラン（ケイ化水素），silane，silicane，hydrogen siliside

Silikat 中　シリケート（珪酸塩），silicate

Töpfertonmasse 女　陶土，potter's clay

2-13　ずれの表現

統計，数学，分析，電気などによく出てくるので，区別して，覚えることが，必要である．

Abweichung 女　外れること（偏差），deviation

Amplitude 女　振幅，amplitude

Regelabweichung 女　標準偏差，standard deviation

Schwächung 女　減衰，weakening

Schwankung 女　変動，fluctuation

Schwingung 女　振動，oscillation

Streuung 女　分散（散布），scatter，variation

Variierung 女　変化，variation

2. 名詞 (Substantiv)

Veränderung 囡　変化，changing

Versatz 團　ずれ，類 Versetzung 囡，misalignment；Versatz der Schweiß-
kante 團　溶接継ぎ手のずれ

Verschiebung 囡　ずれ（変位），displacement

これらの名詞と関係のある動詞には，次のようなものがある.

abweichen　外れる，deviate

schwächen　減衰する，weaken

schwanken　変動する，fluctuate

schwingen　振動する，vibrate，oscillate

streuen　分散する（散布する），spread，strew

variieren　変化する（変化させる），vary

verändern　変化させる，change，alter，vary

verschieben　ずらす，shift，displace

また，これらの現在分詞で，schwingend，schwankend などは，よく使われる.

2-14　接続部位・部品類およびそれらの中で訳語である日本語の発音が似ているため間違えやすい語

1）ブラッケットとブランケット（間違えやすい語）

ブラッケットとブランケットは，日本語の発音が似ていて，まぎらわしい.

ブラッケット：英 bracket　腕金（L 字形アーム），

Auflagenase 囡　サポートブラケット，supporting bracket

Bocklager 回　ブラケット軸受け

Bügel 團　ブラケット（クランプ，フープ，バー，弓）

ブランケット：英 blanket　毛布，独 Tuch 團

2）バッフルとバックル（間違えやすい語）

同様にまぎらわしい語である.

バッフル：英 baffle　バッフル（調節壁）

Ablenker 團　バッフル（デフレクター）

Kanal 團　バッフル（ポート，ダクト，回廊，チャンネル）

Kulissendämpfer 團　バッフル型消音器，baffle type silencer

Prallblech 回　バッフル（デフレクター）

Umlenkblech 回　バッフル（デフレクター）

2-15 槽の表現

バックル：㋑ buckle　バックル，締め金
Gurtschloss 中　（シートベルトなどの）バックル
Schnalle 女　バックル
Spange 女　バックル
Vorreiber 男　ターンバックル

3）クランプ（接続部位・部品類）
Bügel 男　クランプ（フープ，弓，ブラッケト，バー），clamp
Einspannung 女　クランプ
Greifbacke 女　クランプジョー
Klemme 女　クランプ
Schäkel 男　クランプ（シャックル，掛け金）
Schelle 女　クランプ

4）シンブル（接続部位・部品類）
Seilkausche 女　シンブル，thimble

5）シャックル（接続部位・部品類）
Handschelle 女　シャックル，㋑ shackle
Lasche 女　シャックル（当て金継ぎ手，コネクター，帯，継ぎ目板，ラグ），
　㋑ shackle
Schäkel 男　シャックル（クランプ，掛け金）㋑ shackle

2-15　槽の表現

精錬，表面処理，化学，環境関係などでよく出てくる語である．
Becken 中　水槽（たらい）；Abschreckbecken 中　焼き入れ用槽，quenching basin
Behälter 男　ホッパー（タンク，容器）；Spülwassersammelbehälter 男，洗浄水集水槽，collecting tank of rinsing water；Zwischenbehälter 男　中間槽（ポニーレードル），pony ladle
Bottich 男　タンク（ベッセル，おけ），tank
Elektrolytbehälter 男　電解槽，electrolyte container
Gefäß 中　容器（タンク），tank；Konvertergefäß 中　転炉の炉体，conver-

2. 名詞 (Substantiv)

ter vessel

なお，「槽」とは若干違うが，似たイメージのものとして，次のような語がある．

Kessel 男　ボイラー[炉殻（電気炉などの），鍋]，boiler；Zinkkessel 男　溶融亜鉛メッキ用鍋・ポット，zinc kettle

Konverter 男　転炉，converter

Pfanne 女　取鍋（レードル），ladle；Chargierpfanne 女　注銑鍋，charging ladle；Stopfenpfanne 女　下注ぎ用鍋，bottom pouring ladle. Torpedopfanne 女　トーピードカー・鍋，torpedo car，torpedo ladle

Pot 中　槽（鍋），pot；Zinkpot 男　亜鉛槽，zinc kettle

Rinne 女　溝（樋），trough，gutter；Hochofenrinne 女　出銑樋（高炉湯道），blast-furnace runner；Verteilerrinne 女　タンディシュ（連続鋳造の），tundish

Wanne 女　桶（オイルパン），oil pan

2-16　タンブラー類

日本語で一般的にタンブラーとした場合に該当する語としては，英 tumbler　大コップ（逆かぎ，転摩機，タンブラー），独 Becher 男　杯，独 Trinkglass 中　コップ（タンブラー），独 Nuss 女　錠の捻心，独 Schwunghebel für Nortongetriebe ノートン型ギヤーボックスのスイングレバー，独 Tumbler 男　タンブラーなどがある．

タンブラーに関しては，英語・日本語・ドイツ語間で若干関係が複雑である．すなわち 独 taumeln　よろめく（英 tumble）のドイツ語の名詞である 独 Taumeler は，「よろめく人」の意味で，英語の tumble-tumbler の関係とは違い，技術分野で 独 Taumeler を「タンブラー」と通常訳すことはない．技術分野で「タンブラー」に該当する例としては，以下のような語がある．

Hahnschraube 女　タンブラーピン（タンブラースクリュー），tumbler　pin

Kipphebelschalter 男　タンブラースイッチ（トグルスイッチ），tumbler　switch

Knebelkippschalter 男　タンブラースイッチ，tumbler　switch

Schwerfass 中　タンブラー（送り変換レバー），tumbler

Schwunghebel für Nortongetriebe 男　ノートン型ギヤーボックスのスイングレバー

Taumelkolbenpumpe 女　タンブラープランジャーポンプ，tumbler plunger pump

Taumelscheibe 女　回転斜板カム[（ヘリコプターの）揺動板]，類 Schiefscheibe 女，Treibplatte 女，wobble plate，wobbling disc

2-17 男性名詞の性，および間違えやすい名詞の性

Taumeltrockner 男　タンブラードライヤー，tumbler drier

Taumelzentrifuge 女　タンブラー型遠心分離機，tumbler centrifuge

Tumbler 男　タンブラー

2-17　男性名詞の性，および間違えやすい名詞の性

1）男性名詞の性

-er，-ling，-ismus などで終わる名詞は，男性と言われている. der Techniker などの人を表わすものや，der Aufgeber, der Lautsprecher, der Schieber, der Vervielfacher ほかは，男性である一方，-er で終わるものの中には，次のような例があるので，個別に確認・注意して覚えたい.

Faser 女　ファイバー［加工方向に並んだ線状の不均一性（組織）］

Feder 女　バネ［スプリング，（伸びるものと考え，男性と間違えやすい代表的な例］

Filter 男 または 中　フィルター

Futter 中　チャック（飼料，ライニング，裏張り）

Gitter 中　格子（グリッド）

Kammer 女　チャンバー（心室）

Klammer 女　括弧（クリップ，クランプ）

Kraftspannfutter 中　パワーチャック

Messer 男　メーター（ただし，刃を意味するばあいには，中性である）

Meter 男 または中　メーター

Muster 中　ひな型（模様，柄，見本，パターン，検査）

Streifenmuster 中　縞模様

Tautomer 中　互変異性体

また，不定詞が名詞化されたものは，中性であるが（das Gießen ほか），不定詞ではなく-en で終わるものは，男性または中性となる.

Becken 中　水槽（たらい，骨盤）（中性の例）

Daumen 男　カム（親指）（男性の例）

Knoten 男　結節（波節，交点）（男性の例）

Kolben 男　ピストン（フラスコ）（男性の例）

Kranhaken 男　クレーンのフック（男性の例）

Nocken 男　カム（男性の例）

Ofen 男　炉（男性の例）

2. 名詞 (Substantiv)

Rohrknoten 男　パイプの結合点（男性の例）

Zapfen 男　ジャーナル［ピボット，トラニオン（転炉など），シャフト，ネック］（男性の例）

　動詞から名詞がつくられる形式は 4 形式あり，男性名詞となることが多いが，これについては，別項 2-20「動詞から名詞が作られる形式」を参照願いたい.

2) 間違えやすい名詞の性

　前項と若干重複するが，筆者の体験上，間違えやすいまたは勘違いしやすかった語は以下のとおりである，そのつど確認していただきたい.

Aggregat 中　集合体（ユニット，集成岩）（男との勘違い）

Automobil 中　自動車（男との勘違い）

Band 中　帯域，男　巻，女　楽団

Daten 複　データ（Datum 中）

Durchmesser 男　直径（中との勘違い）

Ester 男　エステル

Extrakt 男　抽出物

Faser 女　ファイバー（男との勘違い）

Feder 女　バネ，スプリング（男との勘違い）

Filter 男　または　中　フィルター（性別が固定していない）

Futter 中　チャック（飼料，ライニング，裏張り）（男との勘違い）

Gebläse 中　ブロアー（語尾につられて女との勘違い；機械関係で接頭辞 Ge- で始まる語には中性のものが見られる）

Gelenk 中　ジョイント，関節〖医薬・機械関係語〗，ヒンジ，リンク（男との勘違い；機械関係で接頭辞 Ge- で始まる語には中性のものが見られる）

Gemenge 中　（通常，成分が目に見える）混合物（語尾の -e から，女との勘違い）

Gesperr 中　ラチェット（機械関係で接頭辞 Ge- で始まる語には中性のものが見られる）

Gestänge 中　ロッド（連結棒リンク機構）（語尾の -e から，女との勘違い；機械関係で接頭辞 Ge- で始まる語には中性のものが見られる）

Getriebe 中　変速機（語尾の -e から，女との勘違い；機械関係で接頭辞 Ge- で始まる語には中性のものが見られる）

Gewinde 中　ねじ（ねじ山）（語尾の -e から，女との勘違い；機械関係で接頭

辞 Ge- で始まる語には中性のものが見られる)

Gewinn 男 　利潤（マージン）（中との勘違い）

Hahn 男 　コック［栓（女との勘違い）］

Heft 中 　ノート［分冊（男 女との勘違い）］

Kieselerde 女 　シリカ（中との勘違い）

Klammer 女 　括弧（語尾の -er から男との勘違い）

Mechanismus 男 　機構（メカニズム）（中との勘違い；-ismus で終わる外来名
詞が男性となる例）

Messer 男 　メーター, 中 　刃

Meter 中 または 男 （俗）メートル；Refraktometer 中 　レフラクトメータ

Moment 中 （モーメント）, 男 （瞬間）

Notebook 中 　ノートブック（男との勘違い）

Ofen 男 　炉（女との勘違い；不定詞以外で -en で終わる男性名詞の例）

Partikel 中 または 女 （粒子）, 女 （不変化詞）

Reagenz 中 または 女 　反応力（試薬）（辞書によって違い, 固定していない；
Linguee 社→中, または Langenscheidt 社→女）

Ritzel 中 　ピニオン（男との勘違い）

Schaft 男 　シャフト（女との勘違い）

Schema 中 　型［パターン, 見取り図（女との勘違い）］

Schild 中 　（プレート）, 男 （盾, 放射線遮蔽）

Schloss 中 　錠（男 との勘違い）

Sechsrund 中 　ヘクサロビュラソケットヘッド（男 との勘違い）

Spannschloss 中 　ねじ締め金具［ターンバックル（男との勘違い）］

Spezies 女 　種（則）（語尾の s から中との勘違い）

Spindel 女 　スピンドル, 　（男との勘違い）

Stange 女 　棒［ロッド（イメージから男との勘違い）］

Stein 男 　石（イメージから, 中との勘違い）

Stift 男 　ピン（女との勘違い）

Tank 男 　タンク（中との勘違い）

Teil 中 　（機械などの）部品, 男 部分, 中または男 割り当て分

Test 男 　テスト

Typ 男 　型式

Ventil 中 　弁（男との勘違い）

Verhältnis 中　関係（男との勘違い）

Wagen 男　自動車（中との勘違い）

2-18　着脱・出入・供給排出の対の語

対の語として，技術文中で用いられることが多い以下の語は，すぐ頭に浮かぶようにすることが必要である．

An- und Ausziehen　（ホルダーなどの）着脱

Ein- und Ausrolle　（ロールの）着脱

Zu- und Abführen　（荷物・カートンなどの）出し入れ（入出庫，供給・排出）

2-19　直線の語

形状，物の関係を表わす際に使われる語である．

Geradheit 女　真直であること

geradlinig　直線の；geradliniger Streifen　直線の縞〔関連形容詞・副詞〕

Lineal 中　定木（真っ直ぐな端部）

linear　1次の；Der Schlackenpreis steht in einer linearen Beziehung zur Kennzahl.　スラグの値段は，その指数と1次の関係にある．〔関連形容詞・副詞〕

linearisieren　直線化する（線形化する，リニアライズ），linearize〔関連動詞〕

Nichtlinearität 女　非線形であること

2-20　動詞から名詞が作られる形式

次の四つの形式が考えられ，男性名詞となることが多い．

① 不定詞の名詞化（不定形のもの，語幹，語幹＋e）；Fall 男（fallen から）

② 現在形（幹母音のかわる単数2，3人称）からつくられたもの；Stich 男（stechen, stichst, sticht），Tritt 男（treten, trittst, tritt）

③ 過去形からそのまま作られるもの；Schnitt 男（schneiden, schnitt から），Schliff 男 など

　過去形の o－u 変化で作られるもの；Schub 男（schob から），Bezug 男（bezog から）

④ 過去分詞からつくるもの；Gang 男（gehen, ging, gegangen から）

　過去分詞の o－u 変化で作られるもの；Bruch 男（brechen, brach, gebrochen から）

2-20 動詞から名詞が作られる形式

　ここで，動詞から名詞が作られる形式について触れたのは，ドイツ語の最近の傾向の一つである「名詞化文体」を訳すときに，起源である動詞について意識して行なうと，わかりやすくなると思われるためである．以下よく用いられるものをまとめた．

a) heben

heben-hob-gehoben の変化をする

Hebezeug 中　リフト（不定形の語幹＋e），lift

Hubbalkenofen 男　ウオーキングビーム式加熱炉（過去形のo－u変化），walking beam type of heating furnace

Hubhöhe 女　ストローク高さ（長さ）（過去形のo－u変化），stroke length

Ladungswechselhub 男　チャージサイクル（過去形のo－u変化），charge cycle

b) beziehen

beziehen- bezog-bezogen の変化をする

in Bezug auf　〜に関連して（過去形のo－u変化）

c) schieben

schieben-schob-geschoben の変化をする

Schiebehülse 女　スライディングスリーブ，sliding sleeve（不定形の語幹＋e）

Schiebe-Verschluss-System 中　スライディングゲートシステム，sliding gate system（不定形の語幹＋e）

Schub 男　せん断（押してずらすこと）（過去形のo－u変化），thrust

Schubbeize 女　プシュプルピックリング（過去形のo－u変化），push pull pickling

Schubmodul 男　せん断係数（過去形のo－u変化），shear modulus

d) schleifen

schleifen-schliff-geschliffen の変化をする

Schleife 女　ループ（不定形の語幹＋e），loop

Schleifkorn 男　グライディング粒（不定形の語幹），abrasive grit

Schliff 男　研磨（過去形から），grinding

Schlifffläche 女　研磨面（切断面）（過去形から），grinding surface

Walzenschleifmaschine 女　ロールグライディングマシーン（不定形の語幹），roll grinding machine

e) schmelzen

2. 名詞 (Substantiv)

schmelzen-schmolz-geschmolzen の変化をする

Schmelz 男　ほうろう質（上薬）（不定形の語幹），enamel

Schmelzanlage 女　溶解設備（不定形の語幹），melting plant

Schmelze 女　ヒート（メルト，チャージ）（不定形の語幹＋e），melt, charge

Schmelzengewicht 中　チャージ重量（溶解重量）（不定形のもの），heat weight

Schmelzreduktion 女　溶融還元（不定形の語幹），smelting reduction

Schmelztemperatur 女　溶融温度（不定形の語幹），melting temperature

Schmelzverhalten 中　溶融挙動（不定形の語幹），melting behavior

f) schneiden

schneiden-schnitt-geschnitten の変化をする

Brennschneidmaschine 女　トーチ（フレーム切断機）（不定形の語幹），flame cutting machine

Schneid 男　気力（不定形の語幹）（この語は単独で用いる場合，本来と全く意味が違うので，注意を要する），guts

Schneide 女　刃（不定形の語幹＋e），cutting edge

Schneidgeschwindigkeit 女　切断速度（不定形の語幹），cutting speed

Schnitt 男　切断（過去形から），cutting

Schnittlinie 女　切断線（過去形から），cutting line

2-21　ねじ，ピン，ボルト，ナット，ニップル類

ねじ，ピン，ボルトなどは，重要な機素であり，また，従来訳語があいまいな点も見受けられたので，まとめてみた．ここでは，関連語として 169 語採り上げた．

Abdrückschraube 女　ジャッキボルト，jacking bolt, forcing screw

Abscherschraube 女　剪断ボルト（シャーボルト），類 Abreißschraube 女，shear bolt

Anhängerbolzen 男　ひっかけボルト，pendant bolt

Ankerschraube 女　アンカーボルト，anchor bolt

Anlagefläche 女　首下［（研削車の）ハブ，座面，位置決め面］，underhead

Anschlagschraube 女　止めねじ（止めボルト），stop screw

Anschlussmutter 女　ユニオンナット，union nut

Aufnahmebolzen 男　位置決めボルト，location bolt, location pin

Ausgerissen 中　山欠け，uprooted thread

2-21　ねじ，ピン，ボルト，ナット，ニップル類

Außendurchmessser des Muttergewindes 男　（めねじ）谷の径（雌ねじの外径）

Außengewinde 中　雄ねじ（山），external thread，male thread

Außensechsrund 中　突出型ヘクサロビュラソケットヘッド，projection type hexalobular head

Befestigungsschraube 女　固定ねじ，fixing screw

Blechschraube 女　薄板タップねじ，sheet metal screw，sheet metal tapping screw

Bolzen 男　ボルト，bolt

Bolzennabe 女　ピンボス（ピンハブ）

BSP ＝英 British Standard pipe thread　英国パイプねじ規格

Dichtmutter 女　シールナット，sealing nut

Drehwertgeber 男　ねじ回転量検出器，rotary encoder

durchgehende Schraube 女　通しボルト，through bolt

Einnietmutter 女　リベティングナット，reveting nut

Einschraubgewinde 中　ねじ山（スクリューねじ），integral thread，screw thread

Einschraubkanal 男　ねじ込みチャンネル，screw channel

einseitige Verschraubung 女　片側ねじ接続，one-sided screw connection

Einsteckzapfen 男　ソケットピン，socket pin

Einstellschraube 女　照準調整ねじ，adjust bolt

Einzugsnippel 男　引き込み可能ニップル（格納式ニップル），retractable nipple

Entriegelungsbolzen 男　解除ボルト，release bolt

Feingewinde 中　細目ねじ，fine thread

Flachkopfschraube 女　なべ小ねじ（皿頭ねじ），類 Senkschraube 女，flat countersunk head screw

Flankendurchmesser 男　（ねじ）有効径，effective pitch diameter

Flankenüberdeckung 女　（ねじ）ひっかかりの高さ，flank coverage

Flankenwinkel 男　ねじ山の角度（ベベル角度），bevel angle，angle of thread

Flügelmutter 女　バタフライナット（ちょうナット），butterfly nut，thumb nut

Flügelschraube 女　バタフライねじ，butterfly bolt，thumb screw

2. 名詞 (Substantiv)

Führungszapfen 男　キングピン（案内ピン，中心ピン），guide pin

Fundamentschraube 女　基礎ボルト，foundation bolt

Gang 男　（ねじの）ピッチ（ギヤー），pitch

Gangzahl 女　ねじ山の数，number of threads，number of gears

Gegenmutter 女　止めナット，check nut

gerolltes Gewinde 中　ロールねじ（転造ねじ），類 gewalzte Schraube 女，
rolled screw，rolled threaded screw

gewalzte Schraube 女　ロールねじ（転造ねじ），類 gerolltes Gewinde 中，
rolled screw，rolled threaded screw

Gewinde 中　ねじ山，thread

Gewindeauslauf 男　不完全ねじ部，thread run-out

Gewindebohrer 男　ねじ下切り（ねじタップドリル），tap drill

Gewindebohrmaschine 女　ねじ立て盤，tapping machine

Gewindeeinsatz 男　差し込みねじ，thread insert

Gewindeende 中　ねじ先，screw end

Gewindeflansch 男　ねじ込みフランジ，threaded flange

Gewindefreistiche 女　逃げ溝の幅，thread undercut

Gewindegrundlöcher 中 複　対角距離，width across corners

Gewindekerndurchmesser 男　ねじの谷径，thread core diameter

Gewindelänge 女　ねじ部長さ，length of thread

Gewindelehre 女　ねじゲージ，thread gauge

Gewindeschablone 女　ねじ山ゲージ，screw-pitch gauge

Gewindeschneiddrehbank 女　ねじ切り旋盤，thread cutting lathe

Gewindestange 女　ねじ切りロッド，all threaded rod

Gewindestift 男　ねじピン，類 Gewindezapfen 男，threaded pin，threa-
ded stud

Gewindetiefe 女　ねじ山の高さ（ねじの深さ），depth of thread

Gewindewalzmaschine 女　ねじ転造盤，thread rolling machine

Grobgewinde 中　並目ねじ，類 Regelgewinde 中，coarse thread，coarse
screw thread

Hahnschraube 女　タンブラーピン（タンブラースクリュー），tumbler pin，
tumbler screw

Halbmutter 女　ハーフナット（半割りナット），half nut

Halbrundschraube 女　半丸小ねじ（丸頭ねじ），french fillister head screw，round-head screw

Halteschraube 女　保持ねじ（クランプボルト），clamping bolt，holding screw

Hebespindel 女　上下送りねじ，vertical feed screw，elevating csrew

Innengewinde- Ausgerissen 中　雌ねじ山欠け，internal thread tear out，female thread tear out

Innensechskant 男　六角ソケットヘッド，hexagon socket

Innensechsrund 中　ヘクサロビュラソケットヘッド，hexalobular socket

Kegelstift 男　円錐ねじ，taper pin，conical pin

Kerbstift 男　コッターピン，cotter pin，groove pin

Kerndurchmesser der Mutter 男　雌ねじの内径，類 Hauptdurchmesser der Mutter 男，major diameter of nut

Klemmschraube 女　固定ねじ（接線ねじ），clamping screw

Kontermutter 女　止めナット，lock nut

Konterverschraubung 女　止めねじ接続，screw lock connection

Kopfflanke eines Zahns 女　歯末の面，tooth face

Kopfschraube 女　押さえボルト，cap screw

Kreuzschlitzschraube 女　フィリップねじ，英 Phillips head screw，recessed-head screw

Kronenmutter 女　みぞ付きナット（菊形ナット），castellated nut

Kurbelzapfen 男　クランクピン，類 Winkelhebelachse 女，crankpin

Leitspindel 女　親ねじ，leading screw，guide spindle

linksgängige Schraube 女　左ねじ，left-handed　screw

Linsenkopfschraube 女　平頭小ねじ（平小ねじ），類 関 Zylinderschraube 女，flat fillister head screw

Linsenschraube 女　丸平小ねじ，oval flat-head screw

Linsensenkschraube mit Kreuzschlitz 女　十字穴付き丸皿小ねじ，raised countersunk head screw with cross recess

Madenschraube 女　押しねじ（止めねじ），headless screw，set screw

mehrgängige Schraube 女　多条ねじ，multiple thread screw

metrisches Gewinde 中　メートルねじ（M ねじ），metric thread

metrisches Grobgewinde 中　メートル並目ねじ（山），metric　coarse

thread

metrisches Feingewinde 中　メートル細目ねじ（山），metric fine thread

Mitnehmerbolzen 男　伝動ピン，driving pin

Mitnehmerstift 男　伝動ピン，driving pin

Montagebolzen 男　仮締めボルト（取り付けねじ），類 Montageschraube 女，erection bolt，mounting screw

Montageschraube 女　仮締めボルト（取り付けねじ），類 Montagebolzen 男，erection bolt，mounting screw

NPT ＝英 American Standard taper pipe threads for general use　米国一般用途向けテーパパイプねじ規格

Ölablassschraube 女　オイルドレンねじ（オイルドレンプラグ），oil drain plug

Öleinfüllschraube 女　オイルフィルターねじ（オイルフィードボルト），oil feed bolt

Passbolzen 男　リーマボルト（段付きボルト，フィットねじ，プラグゲージ），fitted Bolts，reamer bolt

Passschraube 女　段付きボルト（フィットねじ），shoulder bolt，dowel screw，tight fitting screw

Passstift 男　取り付けピン（位置合わせピン），alignment bolt，fitting pin

Profildreieck 中　（ねじ）とがり三角形，fundamental triangle

Radmutter 女　ホイールナット，wheel nut

Rastbolzen 男　割り出しボルト（止めボルト），locking bolt，indexing plungers

rechtsgängige Schraube 女　右ねじ，right-hand thread，right-hand screw

Regelgewinde 中　並目ねじ，類 Grobgewinde 中，coarse thread

Riegelbolzen 男　締め付けボルト，locking bolt

Riegelstopfen 男　インターロックプラグ，interlock plug

Rohrgewinde 中　管用ねじ，pipe thread

Rohrverschraubung 女　ねじ込み管継手，screwed connection，threaded pipe union

Rundmutter 女　丸ナット，round nut

Sacklochgewinde 中　ブラインドねじ穴，tapped blind hole

Schaftschraube 女　スタッドボルト，stud bolt

Schlitzschraube 女　すり割り付きねじ，slotted-head screw

2-21 ねじ，ピン，ボルト，ナット，ニップル類

Schlüsselweite 囡　二面幅，width across flats

Schmierkopf 团　潤滑ニップル，grease nipple

Schraubbolzen 团　ねじボルト，screw bolt，SB

Schraubdeckel 团　ねじ込み口金，screw-down cover，screw cap，screw-type closure

Schraube mit niedigem Kopf 囡　低頭ねじ，low head screw

Schraubeneinfädelmittel 囲　ねじ挿入装置，screw insert device

Schraubengewinde mit Zollmaß 囲　インチねじ（山），inch screw thread

Schraubenkopf 团　ねじ頭，screw head

Schraubenloch 囲　ねじ穴，bolt hole，screw hole

Schraubenpaar 囲　ねじ対偶，screw pair

Schraubenpumpe 囡　ねじポンプ，screw pump

Schraubenschlitzfräsmaschine 囡　すり割りフライス盤，screw slotting cutting machine

Schraubensicherung 囡　ねじ固定装置，screw locking，screw retention，securing screw，nut locking device

Schraubenverbindung 囡　ねじ接続（ねじ継手），screw connection

Schraubenwinkel 团　つる巻角，screw angle，helical angle

Schraubenzieher 团　ねじ回し，screw driver

Schraubklemme 囡　ねじクランプ（スクリューアンカー），screw terminal，screw clamp

Schraubrad 囲　ねじ歯車，wheel with gear

Sechskantmutter 囡　六角ナット，hexagon-nut，hex-nut

Sechsrundschraube 囡　ヘクサロビュラボルト，hexalobular bolt

selbstschneidender Gewindeeinsatz 团　セルフタッピング差し込みねじ，self-cutting threaded insert

Sellergewinde 囲　セラーねじ（アメリカ管用ねじ），Seller's screw thread，American standard pipe thread

Senkschraube 囡　皿頭ねじ（皿小ねじ），類 Flachkopfschraube 囡，Steckschraube 囡，flat countersunk head screw

Senktiefe 囡　座ぐり深さ「（六角穴などの）深さ（皿頭の深さ）」，sinking depth，countersinking depth

Setzschraube 囡　止めねじ，類 Kontermutter 囡，Madenschraube 囡，

2. 名詞 (Substantiv)

check nut

Spannmutter 女　クランプナット，clamping nut

Spannschloss 中　ねじ締め金具，tension lock，tightener，turnbuckle

Spannschraube 女　ターンバックル（クランプボルト），類 Vorreiber 男，
Spannschloss 中，turnbuckle，clamping bolt

Spannstift 男　ロールピン，roll pin

Spannungsquerschnitt 男　（ねじ）有効断面積，stress cross-section, effective cross-sectional area

Steckschlüsseleinsätze 男 複　レンチソケット

Steckschraube 女　皿頭ねじ，類 Senkschraube 女，Flachkopfschraube 女，
flat countersunk head screw

Steckstift 男　ガイドピン（押し込みピン），push-in pin

Stehbolzen 男　控えボルト，stay bolt，stud bolt

Steigungswinkel 男　リード角，lead angle of the thread

Stellschraube 女　調整ねじ，adjusting screw

Stiftschraube 女　頭付き植え込みボルト，stud bolt

Stufenbolzen 男　段付きピン，step pin，step-mounting pin

tiefgekröpfter Doppelringschlüssel 男　ディープ・ピッチオフセット・ダブルエンド・リングスパナ，deep pitch-offset ring spanner

Trapezgewinde 中　台形ねじ，trapezoidal screw thread

Überwurfsmutter 女　小ねじ（キャップナット），union nut，cap nut

UNC ＝英 <u>un</u>ified <u>c</u>orse thread　ユニファイ並目ねじ

UNF ＝英 <u>un</u>ified <u>fi</u>ne thread　ユニファイ細目ねじ

Verschlussschraube 女　六角ソケットヘッドプラグ（六角ねじプラグ），hexagonal head screw plug

Verschraubung 女　ねじ連結器，screw connection

verstellbarer Schraubenschlüssel 男　レンチ，adjustable wrench，adjustable spanner

Verzahnungsträger 男　ギヤーキャリアー，gear carrier

Viereckgewinde 中　角ねじ，square thread

Vierkantmutter 女　四角ナット，square nut

Whitworth-Gewinde 中　ウイットねじ，Whitworth-screw thread

Winkelhebelachse 女　クランクピン，類 関 Kurbelzapfen 男，crankpin

Zollgewinde 中　インチねじ，類 Schraubengewinde mit Zollmaß 中，thread measured in inches, inch thread

Zylinderschraube 女　平小ねじ（平頭小ねじ），類関 Linsenkopfschraube 女，cylinder head screw, flat fillister head screw

Zylinderschraube mit Innensechsrund 女　ヘクサロビュラソケットヘッド付き平小ねじ

Zylinderstift 男　だぼピン，dowel pin, parallel pin, straight pin, cylindrical pin

2-22　バー，アーム，ステアリング，リンク類

機素としてよく出てくるバー，アーム，ステアリング，リンク類の語としては，次のようなものがある.

Achsschenkel 男　ナックルアーム，knuckle arm

Achsschenkelbolzen 男　ナックルジョイント，knuckle joint

Knickgelenk 中　コンバーティングキット（ナックルリンク），converting kit

Koppelstange 女　ステアリングバー，steering bar

Längslenker 男　トレーリングリンク，trailing link

Längsträger 男　サイドメンバー，side member

Lenkschenkel 男　ステアリングナックル，steering knuckle

Lenkspurstange 女　トラックロッド（前輪連接棒），track rod

Lenkstockhebel 男　ドロップアーム（ステアリングギヤーアーム），drop arm

Querlenker 男　クロスコントロールアーム（ウイッシュボーン），cross control arm, wishbones

Querriegel 男　クロスロックバー，cross lock bar

Querträger 男　クロスメンバー，cross member

Schlepphebel 男　ドラッグレバー（ロッカーアーム），drug lever

Volleinschlag 男　フルロック（ステアリングロック），full lock

2-23　波形の語

Bandwelligkeit 女　帯鋼が波打つこと，strip waviness

Dickenwelle 女　厚さ方向の波，gauge wave

Formwelle 女　圧延方向の波（耳波など），form wave

langwellig　長波の〔関連形容詞・副詞〕

2. 名詞 (Substantiv)

Randwelligkeit des Bandes 女　帯鋼の端部が波打つこと，wavy strip edges

Rattermarken 女 複　チャターマーク（びびり），chatter marks

Sinuswelle 女　正弦波，sine wave

wellenförmig　波形の，wave-like〔関連形容詞・副詞〕

なおこの Welle には波，電波という以外に，別項 2-9 でも示したように，軸，心棒の意味もある．

2-24　歯車関連語

歯車は，重要な機素の一つであり，整理しまとめてみた．ここでは，関連語として 149 語採り上げた．適訳が見つかれば幸いである．

abgeschrägte Zähne 男 複　面取り歯，類 entgratete Zähne 男 複，chamfered tooth

Abschlagen des verlohrenen Kopfes 中　セミトッピング（歯先の面取り加工），chamfering of tip

Äußere Teilkegellänge 女　外端円錐距離，external cone distance

Arbeitseingriffswinkel 男　かみ合い圧力角，operating pressure angle

Arbeitszahnhöhe 女　かみ合い歯たけ，working tooth height，working tooth depth

Außenrad 中　外歯車，external gear，outer wheel

Axiale Abstände von der Bezugsstirnfläche 男 複　組み立て距離，類 Abstand zwischen Teilkegelspitze und Bezugsstirnfläche eines Kegelrades，Einbaumaß 男

Berührungslinie 女　接触角，contact angle

Betriebswälzkreis 男　かみ合いピッチ円，intermeshing pitch circle

Bezugsprofil 中　標準基準ラック歯形，basic rack profile，reference rack profile

Bezugsstirnfläche 女　基準軸直角平面，reference abutting face

Eingriffslinie 女　作用線，line of action

Eingriffswinkel 男　圧力角，pressure angle，angle of obliquity of action

entgratete Zähne 男 複　面取り歯，類 abgeschrägte Zähne 男 複，chamfered tooth

Ergänzungskegellänge 女　背円錐距離，back cone distance

2-24　歯車関連語

Ergänzungskegelwinkel 男　背円錐角，back cone angle，類 Rückenke-gellänge 女，back cone distance

Erzeugungswälzkreis 男　（創成工具による）歯切りピッチ円，generating rolling circle

Evolutenverzahnung 女　インボリュート歯切り（インボリュート歯形），involute toothing，involute tooth

Ferse 女　（傘歯車の）外端部，heel

Flankenformfehler 男　歯形誤差，gear tooth error

Flankenformkorrektur 女　歯形修正，類 Profilkorrektur 女，profile correction

Flankenlinie 女　歯すじ，tooth trace

Flankenlinienfehler 男　歯すじ方向誤差，tooth trace error

Flankenrichtung 女　フランク方向，flank direction

Flankenspiel 男　バックラッシ，類 Endspiel 男，backlash

Flankenwinkel 男　ねじ山の角度，angle of thread，included angle of thread

Fußflanke 女　歯元の面，flank of a tooth，tooth flank

Fußhöhe 女　歯元のたけ，root of a tooth，deddendum of a tooth

Fußkegel 男　歯底円錐，root cone

Fußkegelwinkel 男　歯底円錐角，angle of root cone

Fußkreis 男　歯底円（歯元円），root circle，deddendum circle

Fußkreisdurchmesser 男　歯底円直径，root circle diameter

Fußlinie 女　歯底線，root line

Fußrundung 女　歯底・歯元の丸み（歯底隅肉部曲率半径），root radius

Fußwinkel 男　歯元角（歯底角），deddendum angle

Gangzahl 女　ねじ山の数（条数，ギヤー数），number of threads，number of gears

Gegenprofil 中　相手標準基準ラック歯形，counter reference rack profile

Gegenrad 中　被動歯車，類 Getrieberäder 中複，mating gear

Geradverzahnung 女　平歯切り，spur gear，spur toothing

Geschwindigkeitswechselrad 中　変速歯車装置，類 Wechselgetriebe 中，change speed gearbox

Größe der Profilverschiebung 女（歯車の）転位係数，degree of adden-

2. 名詞 (Substantiv)

dum modification, degree of profile shift

Grundkreis 男　基準円（基礎円）, base circle, pitch circle

Hinterdrehen 中　二番取り, relieving

Hohlrad 中　内歯歯車, 類 Innenrad 中, internal geared wheel

Hypoidzahnrad 中　ハイポイド歯車, hypoid gear

Innenkegel 男　前円錐（傘歯車）, inside cone, internal cone

Innenrad 中　内歯車, 類 Hohlrad 中, internal gear, internal geared wheel

Innenverzahnung 女　（歯車）内噛み合い（内歯車）, internal gearing, internal gear

innerer Ergänzungskegelwinkel 男　（傘歯車の）前面角, front angle of back cone

innere Teilkegellänge 女　内端円錐距離, inside edge cone distance

Kammrad 中　はめば歯車, cog wheel

Kegelrad 中　かさ歯車, beval gear

Kegelstirnrad 中　すぐ歯傘歯車, straight bevel gear

Komplementwinkel des Rückenkegelwinkels 男　背面角の余角, complementary angle of back cone angle

Kontaktgrenze 女　かみ合い限度, limit of contact

Kopfflanke eines Zahns 女　歯末の面, tooth face

Kopfhöhe 女　歯末のたけ, addendum

Kopfhöhe von der Sehne des Rollkreisabschnitts 女　キャリパ歯タケ, 類 korrigierte Kopfhöhe 女, chordal addendum

Kopfkegel 男　歯先円錐, face cone

Kopfkegelwinkel 男　歯先円錐角, face cone angle

Kopfkreis 男　歯先円, 類 Zahnkopfkreis 男, addendum circle

Kopfkreisdurchmesser 男　外端歯先円直径, outer addendum circle diameter

Kopflinie 女　歯先線, addendum line

Kopfrücknahme 女　歯先の逃がし, tip relief, addendum reduction

Kopfspiel 男　頂隙（先端隙間）, clearance

Kopfwinkel 男　歯末角, head angle

Krümmungsradius 男　曲率半径, radius of curvature

Kurvenzahnkegelrad 中　まがり歯傘歯車, spiral bevel gear

2-24 歯車関連語

miter gear 英 マイタ歯車（等径カサ歯車），Kegelrad 中，Kegelgetriebe 中，Winkelgetriebe 中

Modul 男 モジュール（係数）；das Modul は，モジュール（機能単位としての部品集合）である.

Normalmodul 男 正面モジュール（歯直角モジュール），normal module

Normalteilung 女 歯直角ピッチ，normal pitch

Normalzahn 男 並歯，full depth tooth

Nullrad 中 標準歯車，standard gear

Pfeilzahnrad 中 やまば歯車，類 Zahnrad mit Pfeilverzahnung 中，double-helical gear

Profil 中 歯形，profile

Profilbezugslinie 女 データム線，datum line of the profile，reference line of the profile

Profilkorrektur 女 歯形修正（歯形修整），類 Flankenformkorrektur 女，profile modification

Profilverschiebungsfaktor 男 歯直角転位ファクター（転位係数），addendum modification coefficient

Profilverschiebungsrad 中 転位歯車，addendum modification gear

Profilwinkel 男 歯形角，angle of tooth

radialausschwenktes Zahnrad 中 タンブラーギヤ，tumbler gear

Radkasten 男 歯車箱（ギヤーケース），gear housing，wheel housing

Radkörper 男 輪心，wheel center

Radsatz 男 歯車列，類 Räderkette 女，wheel set

Rastzähne 男 複 止め歯（ラッチ歯），latch tooth

Rückenkegellänge 女 背円錐距離，類 Ergänzungskegellänge 女，back cone distance

Rückenkegelwinkel 男 背面角（背円錐角），back cone angle

Rundung 女 丸み（丸め），rounding

Schieberad 中 すべり歯車（すべり装置），sliding gear

Schneckenrad 中 ウォーム歯車，worm-gear

Schrägstirnrad 中 はす歯平歯車（はすば平歯車，はすば歯車），類 Schrägzahnrad 中，Schraubenzahnrad 中，helical gear

Schrägungswinkel 男 ねじれ角（ねじり角），類 Verdrehungswinkel 男，

81

2. 名詞 (Substantiv)

angle of torsion

schrägverzahntes Zahnrad 中 はすば歯車, helical gearings, helical toothed gears

Schrägzahnkegelrad 中 はす歯傘歯車, 類 Spiralzahnkegelrad 中, helical bevel gear, skew bevel gear, spiral bevel gear

Schraubenzahnrad 中 はすば平歯車(はす歯平歯車, はすば歯車), 類 Schrägstirnrad 中, Schrägzahnrad 中, helical gear

Schraubgetriebe 中 ウォーム歯車装置(ウオームギヤ), worm gear

Schraubrad 中 ねじ歯車, wheel with gear

Spiralzahnkegelrad 中 はす歯傘歯車, 類 Schrägzahnkegelrad 中, helical bevel gear, skew bevel gear, spiral bevel gear

Spitze 女 歯の頂部, crest, tooth tip

Stirnmodul 男 正面モジュール, traverse module

Stirnrad 中 平歯車, cylindrical gear, spur wheel

Stirnteilung 女 正面ピッチ, traverse pitch

Stumpfzahn 男 低歯, stub tooth

Teilkegel 男 ピッチ円錐, pitch cone

Teilkegelspitze 女 頂点(ピッチ円錐頂点, カサ歯車頂点), apex of pitch cone

Teilkegelwinkel 男 ピッチ円錐角, pitch cone angle

Teilkreis 男 基準ピッチ円, 類 Normalteilkreis 男, standard pitch circle

Teilung 女 ピッチ(基準ピッチ), pitch, standard pitch

Teilungssprung 男 ピッチ誤差(隣ピッチ誤差, 単一ピッチ誤差), 類 Teilungsfehler 男, Einzelteilungsfehler 男, pitch error

toe 英 内端部(傘歯車の)(つま先. 止端, Zehe 女)

Tragbild 中 歯当り, gear contact pattern, tooth contact

Transportschnecke 女 搬送ウォーム, transport worm

Überdeckungsgrad 男 (歯車の)噛み合い率, contact ratio

Übersetzungsgetriebe 中 ギヤートランスミッション(減速ギヤ, 増速ギヤ), gear transmission, reducing gear, speed-increasing gear

Unterschnitt 男 切り下げ, undercut

Untersetzungsgetriebe 中 減速ギヤ, reduction gear

virtueller Teilkreis 男 仮想ピッチ円(相当平歯車ピッチ円), virtual pitch

circle

Verzahnungsbreite 女 歯切り幅,, width of the gearing, toothed width

volle Zahntiefe/volle Zahnhöhe 女 高歯, full depth gear tooth

Vorgelege 中 中間歯車(カウンターシャフト, 副軸, 第1段減速装置), intermediate gear, countershaft laid shaft, primary reduction gear

Wälzstoßmaschine 女 歯車形削り盤, 類 Zahnradhobelmaschine 女, gear shaper

Zähnezahl 女 歯数, number of teeth

Zähnezahlverhältnis 中 歯数比(直径ピッチ関係), teeth ratio

Zahnbreite 女 歯幅, tooth width, face width

Zahndicke 女 歯厚, tooth thickness

Zahndicke im Bogenmaß 女 円弧歯厚, circular thickness

Zahndicke im Sehnennmaß 女 弦歯厚, chordal tooth thickness

Zahnflanke 女 歯面, tooth surface, tooth flank

Zahnfuß 男 歯元, root of tooth

Zahnhöhe 女 全歯たけ, whole depth

Zahnkantenfräsmaschine 女 面取り盤, 類 Formmaschine 女, Kehlmaschine 女, chamfering machine

Zahnkopf 男 歯末, addendum

Zahnkopfkante 女 歯先面, 関 Zahnlückenfläche 女, top land

Zahnkopfkreis 男 歯先円, 類 Kopfkreis 男, addendum circle

Zahnlücke 女 歯溝, tooth space

Zahnlückenfläche 女 歯底面, 関 Zahnkopfkante 女, bottom land

Zahnlückengrund 男 歯底, tooth root

Zahnlückenweite 女 歯溝の幅, tooth space width

Zahnmittellinie 女 ラック中心線, center line of rack

Zahnprofil 中 歯形, tooth profile

Zahnradfräsmaschine 女 歯切盤, gear hobbing machine

Zahnradpumpe 女 歯車伝動ポンプ, gear pump

Zahnrad mit Pfeilverzahnung 中 やま歯歯車, double-helical gear

Zahnstange 女 ラック, 関 Ritzel 中, toothed rack

Zahnstange als Bezugsprofil 女 基準ラック, basic rack

zerol bevel gear 英 ゼロールベベルギヤー(ねじれ角がゼロの曲がり歯傘歯車)

2. 名詞 (Substantiv)

Zykloidenrad 中 サイクロイド歯車，cycloidal gear

2-25 橋の種類・名称

橋の名称は，日本語名とドイツ語名との関係が若干はっきりとしていないところもあり，整理した.

Balkenbrücke 女 桁橋，girder bridge，beam bridge

Fachwerkbrücke 女 トラス橋，truss bridge

Freivorbaubrücke 女 ゲルバー橋，類 Gerbersche Brücke 女，Auslegerbrücke 女，cantilever bridge，Gelber bridge

Gewölbebrücke 女 アーチ橋，arched bridge

Hängebrücke 女 吊り橋，suspention bridge，hanging bridge

Hohlkastenbrücke 女 箱桁橋，box girder bridge

Schrägseilbrücke 女 斜張橋（斜弦橋），cable- stayed bridge

Spannbetonbrücke 女 プリストレストコンクリート橋，pre-stressed concrete bridge

Stabbogenbrücke 女 タイドアーチ橋，steel arched bridge，tied arch bridge，suspended deck arch bridge，bowstring bridge

Stahlbetonbrücke 女 鉄筋コンクリート橋（補強コンクリート橋），reinforced concrete bridge，steel-concrete bridge，concrete girder bridge

Straßenbrücke 女 道路橋，road bridge

2-26 光・色の単位を表わす語

光学関係では，これらの語はポイントとなるので，間違えないようにしたい.

Beleuchtungsstärke 女 照度，intensity of illumination〖光学関係語〗

Bestrahlungsstärke 女 放射照度，intensity of irradiation，irradiance〖光学・物理・電気関係語〗

Chrominanz 女 色度，chrominance〖光学・電気関係語〗

Farbton 男 色相（色調），hue，shading of color〖光学・電気関係語〗

Helligkeit 女 明度，brightness，light intensity〖光学・電気関係語〗

Leuchtdichte 女 輝度，luminance〖光学・電気関係語〗

Lichtstärke 女 光度，light intensity〖光学関係語〗

Photochromie 女 ホトクロミー（周辺明度に光透視度を合わせること）〖光学関係語〗

2-28 付着・集塊・堆積・閉塞関係語

Strahlender Glanz 男 　放射輝度〖光学・物理・電気関係語〗

2-27 ヒンジ，ジョイント，リンクほかの語

　これらの語は，機械部位，機械部品，機素，自動車部品として，たびたび出てくる単語なので，混同しないで，用いたい．

Gelenk 中 　ヒンジ（ジョイント，リンク，関節），hinge，joint

Gelenkträger 男 　内側ヒンジ付き片持ちビーム，articulated beam, hinged girder

Gelenkkette 女 　スプロケットチェーン，sprocket chain

Glied 中 　リンク，メンバー，部位，員〖化学関係語〗，環〖化学関係語〗，link

Kettenglied 中 　チェーンリンク，chain-link

Kettenlasche 女 　チェーンサイドバー，chain side bar

Kettenrad 中 　チェーンスプロケット，chain sprocket

Knickgelenk 中 　コンバーティングキット（ナックルリンク），converting kit

Kulisse 女 　リンク（ガード，スライディング，メンバー，ロッカー，縁飾り板），link

Kulisse des Wählhebels 女 　セレクタレバー縁飾り板，decoration plate edge of selector lever

Kulissendämpfer 男 　バッフル型サイレンサー，baffle type damper

Kulissenhebel 男 　ロッカーレバー，rocker lever

Kulissenstein 男 　スライディングブロック，sliding block

2-28 付着・集塊・堆積・閉塞関係語

　この種の名詞は，化学・機械・精錬・医薬ほかの分野で重要かつたびたび出てくるものであり，また，まぎらわしい点もあるので，アルファベット順に関連語を整理した．

Absorption 女 　付着，absorption

Adhäsion 女 　付着，adhesion

Adsorption 女 　吸着，adsorption

Agglomeration 女 　集塊（団塊），agglomeration

Aggregat 中 　集合体［ユニット，セット（機械の），骨材］，aggregate，unit

Aggregation 女 　集合（凝集），aggregation

Akkumulation 女 　集積（累積），accumulation

85

Anhaftung 囡　付着(粘着，癒着)，adhesion；〜 ist frei von organischen Anhaftung〜 は有機物の付着のない〖電気・物理・精錬・医薬・化学関係語〗

Ansammlung 囡　堆積(集合)，accumulation

Aufschüttung 囡　盛り土(敷き砂利)，accumulation，backfill

behaftet　くっついた(背負い込んだ)，afflicted〔関連形容詞〕

Beschichtungsstoff 男　コーティング材料，coating material

Blockade 囡　閉塞，blockade

festhaftend　しっかりくっついた，tightly adhering〔関連形容詞〕

Granulation 囡　造粒，granulation

Granulat 中　顆粒，granulate

Haftfähigkeit 囡　粘着力，adherence，adhesion

Haftung 囡　付着(吸着)，adhesion

Halde 囡　堆積(ぼた山)，heap，dump

Klebezunder 男　離れにくいスケール，sticking scale

Koaleszenz 囡　癒着(合体，閉塞，詰まり)，coalescence〖電気・物理・精錬・化学・医薬関係語〗

Kohäsion 囡　凝集(粘着)，cohesion

Kornaufbau 男　粒度構成，grain structure

Lackeigenschaft 囡　コーティング性，property of the coating

Lackhaftung 囡　コーティングの付着，paint adhesion，lacquer adhesion

obstruktiv　閉塞性の，英 obstruktive〔関連形容詞・副詞〕〖電気・物理・医薬・化学・関係語〗

Sorption 囡　収着(多孔性物質に対する気体物質や溶質の吸着現象)，sorption

überzogen　覆われた，covered〔関連形容詞・副詞〕；mit Gummi überzogene Schrotte　ゴムで覆われたスクラップ

Verklebeeigenschaft 囡　付着性，bonding property，bonding characteristic

Verklebung 囡　付着，bonding

Verklumpung 囡　クラスター化(集塊化)，clumping

Verkrustung 囡　(泥などが)こびりつくこと〔(付着して)詰まること〕，incrustation

Verschlammung 囡　(スラジ・泥による)詰まり，silting，accumulation of

mud

Zerfall 男　粉化（崩壊，分解），collapse，decay，decomposition，pulverizing

2-29　弁・バルブ類

弁は代表的な機素の一つであり，整理されていないことが多いので，機械，化学，医薬ほかの分野について以下に関連語をまとめた（計 182 単語掲載）.

Abgasklappe 女　排ガスクラックバルブ，exhaust flap

Ablassventil 中　ドレン弁，drain valve，discharge valve

Abschäumhahn 男　水面噴出しコック，skimming cock

Abschlussventil 中　隔壁弁，stop-valve，lock valve

Absperrschieber 男　仕切弁，類 Schleusenventil 中，gate valve

Absperrventil 中　逆止弁（遮断弁），shut-off valve，stop valve，check valve

Abstellung 女　締め切り弁，disconnection，stoppage

Anfahrschieber 男　スタートアップ弁，類 Anfahrventil 中，start-up valve

Anfahrventil 中　スタートアップ弁，類 Anfahrschieber 男，start-up valve

Anflanschklappe 女　フランジ取り付け弁，lug type butterfly valve

Anflanschventil 中　フランジ取り付け弁，butterfly valve

Anzapfventil 中　ブリーダー弁（バイパス弁），bleed valve

Aortenklappe 女　大動脈弁，aortic valve，AV〚医薬関係語〛

Ausblasventil 中　吹き出し弁，blow-off valve

Ausgleichsventil 中　つりあい弁，equalizer valve

Auspuffventil 中　排気弁，exhaust valve，blow-off valve

Ausschlagventil 中　キックオフバルブ（フローバルブ），kick-off valve，flow valve

Berstscheibe 女　破壊ディスク（安全ダイアフラム），bursting disc

Brennstoffeinspritzventil 中　燃料噴射弁，fuel injection valve

Dampfventil 中　蒸気弁，steam valve

deceleration sensing proportioning valve 英 減速度感知式比例減圧弁，DSPV

Differentialdruckklappe 女　差圧弁，differential pressure control valve

Doppel-Proportionalmischventil 中　ダブルプロポーショニングバルブ，double proportioning valve，D.P.V.

2. 名詞 (Substantiv)

Dosierventil 匣 調整針弁（加減針弁），metering valve, proportioning valve

Drehkegelventil 匣 回転円錐弁，rotary plug valve

Dreiwegehahn 男 三方コック，three- way cock or tap

Dreiwegeventil 匣 三方弁，three- way valve

Drosselklappe 女 バタフライバルブ（スロットルバルブ），butterfly valve

Drosselklappengeber 男 バタフライバルブ位置信号，DKG, butterfly valve position signal

Drosselventil 匣 バタフライバルブ（スロットルバルブ），butterfly valve

Druckabbauventil 匣 減圧弁，類 Druckminderungsventil 匣，pressure reduction valve

Druckbegrenzungsventil 匣 圧力リリーフ弁（圧力制御弁，圧力制限弁），pressure relief valve, pressure control valve, excess pressure valve

Druckhalteventil 匣 圧力保持弁，pressure retention valve

Druckminderungsventil 匣 減圧弁，類 Druckabbauventil 匣，pressure reduction valve

Druckregelventil 匣 圧力調整弁，類 Druckreglierlventil 匣，Drucksteuerventil 匣，pressure regulating valve, performance valve

Druckreglierventil 匣 圧力調整弁，類 Druckregelventil 匣，pressure regulating valve

Drucksteuerventil 匣 圧力制御弁（圧力調整弁），pressure control valve

Druckventil 匣 送り出し弁，delivery valve, discharge valve

Durchblasventil 匣 直道〔じかみち〕弁，類 Durchgangsventil 匣，blow through valve

Durchgangsventil 匣 直道弁（玉形弁），類 Durchgangsschieber 男，Kugelventil 匣，gate valve, straight through valve, through−way valve, blow through valve, spherical valve

Eckventil 匣 アングル弁，angle valve

Einlassventil 匣 入口弁（吸気弁），intake valve

elektromagnetischer Schieber 男 電磁ソレノイド切換弁，electromagnetic valve, electromagnetic slider

Entlastungsventil 匣 逃がし弁（レリーフ弁），類 関 Entlüftungsventil 匣，blow−off valve, relief valve, air bleeder valve

Entleerungshahn 男 排水コック（ドレンコック，ドレンバルブ），類 Entlee-

2-29 弁・バルブ類

rungsventil 中, rain cock, drain valve

Entleerungsventil 中 排水コック（ドレンコック，ドレンバルブ），類 Entleerungshahn 男, rain cock, drain valve

Entlüftungsventil 中 排気弁（通気弁，逃し弁），bleeder valve

Expansionsventil 中 膨張弁，expansion valve

Federsicherheitsventil 中 ばね安全弁，spring loaded safety valve

Feinregulierventil 中 精密調整弁，fine adjustment valve, fine regulating valve

Flachschieber 男 フラットスライドバルブ，flat slide valve

Frontklappe 女 フロントゲート，front gate

Fußventil 中 フット弁（底弁，フート弁），foot valve, retaining valve

Gangstellventil 中 ギヤー制御調整弁，gear control valve

Gaswechselventil 中 ガスシャトル弁，gas shuttle valve

Gegendruckkolben 男 つりあいピストン，balancing piston

Hahn 男 カラン（切換コック），cock, tap, faucet

Hydraulikventil 中 ハイドロリックバルブ（油圧弁），hydraulic valve

Kammerschieber 男 チャンバーバルブ，chamber valve

Kegelsitzventil 中 円錐座弁，conically seated valve

Kegelventil 中 円錐弁，conical valve

Klappe 女 チェックバルブ（フラップ），check valve, flap

Klappendefekt 男 弁欠陥（弁障害，弁疾患），類 関 Klappenfehler 男, defect of the valve〚医薬関係語〛

Klappenventil 中 チェックバルブ（フラップバルブ），check valve, flap valve

Kolbendosierpumpe 女 ピストン定量ポンプ，piston-type dosing pump

Kolbenpumpe 女 ピストンポンプ，piston pump

Kraftstoffventil 中 燃料弁，fuel valve

Kugelhahn 男 球形弁ボールコック（ボールバルブ），ball stop-cock, ball valve

Kugelschleuse 女 球形チャージングバルブ，ball collector, ball charging valve

Kugelventil 中 玉形弁，類 Durchgangsventil 中, globe valve

Kurzschlussventil 中 バイパス弁，bypass valve

luftbetätigtes Ventil 中 エアオペレートバルブ（圧空作動弁），air operated/

pneumatically operated valve

Luftfederventil 中　空気ばね弁, air spring valve, leveling valve, suspension valve

Luftumleitventil 中　空気遮断弁, air shutoff valve

Luftumschaltventil 中　切り換え弁, air select valve, air switching valve

Magnetventil 中　電磁弁（ソレノイド弁）, magnetic valve, solenoid valve

Membranventil 中　ダイアフラム弁, diaphragm valve

Messventil 中　メータリングーバルブ（絞り弁, 加減針弁）, metering valve

Mischschieber 男　二重バタフライバルブ（ミキシングバルブ）, double butterfly valve, mixing valve, proportioning valve

Mitralklappe 女　僧帽弁［僧房弁（左心房と左心室の間の弁）］, mitral valve 〚医薬関係語〛

Motorregelventil 中　モータ調整弁, motor control valve, motorized valve, motor regulated valve

Muffenventil 中　スリーブ弁, sleeve valve

Nadelregulator 男　ニードル調整弁, 類 Nadelregulierventil 中, needle regulator

Nadelregulierventil 中　ニードル調整弁, needle regulated valve

Nadelventil 中　ニードル弁（尖頭弁）, needle valve

Nadelventilführung 女　ニードル弁案内, needle valve guide

Nivellierventil der Hinterachse 中　後車軸水平装置, levelling valve of rear axle

Notbremshahn 男　非常ブレーキ弁, emergency brake valve

Ölablasshahn 男　オイルドレンコック・弁, oil drain cock

PCV-valve 英 PCV バルブ（内圧コントロールバルブ：クランクケースブリーザーの機能を発展させたもの）, positive crankcase ventilation valve

Pneumatikventil 中　圧空弁, pneumatic valve

6-Port-Ventil 中　六口弁, 6-port-valve

Probenahmeventil 中　試料採取弁, sampling valve

Proportionaldosierventil 中　比例バイパスバルブ, proportioning and bypass valve, PBV

Proportionalregelventil 中　比例制御弁, proportional control valve, PCV

Proportionalventil 中　比例弁（定比弁）, proportional valve

Pulmonalklappe 女　肺動脈弁，pulmonary valve〚医薬関係語〛

Quetschhahn 男　ピンチコック，pinch-cock

Quetschventil 中　ピンチ弁（潰し弁，絞り弁），squeezing valve，pinch valve，lockable valve

Regelklappe 女　調整弁（制御弁），類 Regelventil 中，regulating valve

Regelventil 中　調整弁（制御弁），類 関 Regelklappe 女，Steuerventil 中，regulating valve，control valve

Reifenventil 中　タイヤ空気弁，tyre valve

Reinigungsventil 中　洗浄弁，類 Spülventil 中，cleaning valve，rinsing valve，flushing valve

Ringventil 中　きのこ弁（蛇の目弁，リング弁），類 関 Rohrventil 中，Tellerventil 中，mushroom-type valve，annular valve，ring valve，poppet valve

Rohrventil 中　管弁，pipe valve

Rückschlagventil 中　逆止弁，類 Klappe 女，Klappenventil 中，Sperrventil 中，check valve，non-return valve

Rückspülventil 中　バックフラッシュ弁（復水器逆洗弁），backflushing valve，backwash valve

Saugventil 中　吸気弁，suction valve

Scharnierventil 中　ヒンジ弁（蝶番弁），joint outlet，hinge valve

Scheibenventil 中　円板弁，disk valve，butterfly valve

Schieber 男　弁（切換弁），valve，slider

Schiebergehäuse 中　弁箱，slide housing

Schieberventil 中　滑り弁，slide valve

Schleusenventil 中　仕切弁，類 Absperrschieber 男，gate valve

schnellöffnendes Ventil 中　急速開閉弁，quick open valve

Schwimmerventil 中　フロート弁，floate valve，floating switch

Selbstregelungsventil 中　自動調整弁，automatic regulating valve

Semilunarklappe 女　半月弁，semilunar valve〚医薬関係語〛

Senkbremsventil 中　デセラレーション弁，deceleration valve

Sicherheitsventil 中　安全弁，safety valve

Sicherheitsventil mit Federbelastung 中　バネ式安全弁，safty valve with spring loading

Speiseventil 中　供給弁（給気弁），supply valve，charging valve

Sperrventil 中　逆止弁（チェック弁，遮断弁），類 Rückschlagventil 中，check valve，non-return valve，shut-off valve

Spülventil 中　掃気弁（洗浄弁），類 Reinigungsventil 中，rinsing valve，flushing valve，cleaning valve

Stellklappe 女　バタフライバルブ（制御フラップ），butterfly valve，control flap

Stellventil 中　制御調整弁，control valve

Stetigventil 中　連続調整弁，continuously adjustable valve，proportional valve

Steuerventil 中　制御弁（調整弁），類 関 Regelventil 中，control valve，regulating valve

Stromventil 中　流量制御弁，flow control valve

Subaortenstenose 女　大動脈弁下狭窄，subaortic stenosis，subvalvular aortic stenosis〚医薬関係語〛

Taktschleuse 女　サイクリック弁（フラップ弁，シーケンスロック），flap valve，sequenced lock

Tellerventil 中　板弁（きのこ弁，ポペット弁），類 関 Ringventil 中，Rohrventil 中，disc valve，poppet valve

Tränkeventil 中　飲用トラフ弁，trough valve，drinking valves

Trikuspidalklappe 女　三尖弁〔さんせんべん〕（心臓の右心房と右心室の間の弁），tricuspid valve〚医薬関係語〛

Überflussventil 中　あふれ弁，over flow valve

Überlastventil 中　過負荷弁，overload valve

Überschneidung 女　交差［重なり，（弁の）オーバーラップ］，類 Überlappung 女，overlapping

Überströmventil 中　過流防止弁（バイパスバルブ，オーバーフローバルブ），overflow valve，pressure relief valve

Umgangsventil 中　バイパス弁，bypass valve

Umgehungsventil 中　バイパス弁，類 Umgangsventil 中，bypass valve

Umleitventil 中　遮断弁，diverter valve，bypass valve

Umschaltventil 中　切替弁，switch valve，switching valve

variable Ventilsteuerzeiten 女 複　可変バルブタイミング，variable valve timing，VVT

2-29 弁・バルブ類

Ventilaufsatz 男　弁帽（弁おおい），valve bonnet，valve top

Ventilauslass 男　弁排水口（弁排気口，弁排出口），valve outlet，VA

Ventilbrücke 女　弁ブリッジ（バルブクロスヘッド），valve bridge, valve cross head

Ventileinlass 男　弁給水口（弁吸気口，弁取り入れ口），valve inlet，VE

Ventileinsatz 男　バルブユニット（バルブ差し込み部位，バルブソケット），valve unit

Ventilfederteller 男　弁ばね押え，valve spring retainer

Ventilgehäuse 中　バルブハウジング（弁胴，器具栓本体），valve body, valve housing

Ventilinsel 女　バルブターミナル，valve terminal，valve battery

Ventilkeil 男　バルブキー，valve key

Ventilkörpersitz 男　弁体座，valve body seat，valve body unit

Ventilkolben 男　弁ピストン，valve piston

Ventilnadel 女　ニードル弁，needle valve

Ventilschaft 男　弁棒，関 Ventilstange 女，Ventilspindel 女，valve stem

Ventilschließkörper 男　弁閉じ体，valve closing body

Ventilsitzfläche 女　弁フェース（弁当り面），valve face

Ventilsitzkörper 男　弁座体，valve seat body

Ventilspindel 女　弁棒，関 Ventilstange 女，Ventilschaft 男，valve shaft, valve spindle

Ventilstange 女　バルブステム（弁軸，弁棒），関 Ventilspindel 女，Ventilschaft 男，valve stem，valve rod

Ventilsteuerräder 中 複　タイミングギヤー，timing gear

Ventilsteuerzeit 女　バルブタイミング，valve timing

Ventilteller 男　バルブヘッド（弁がさ），valve head

Ventilträger 男　弁サポート（弁支持），valve support

Ventiltrieb 男　バルブトレーン（動弁系），valve train，valve control

Ventilüberschneidung 女　弁重なり，valve overlap

veränderliches Expansionsventil 中　加減膨張弁，variable expansion valve

Verteilerventil 中　分配弁（配圧弁），類 Verteilungsventil 中，distribution valve

Verteilungsventil 中　分配弁（配圧弁），類 Verteilerventil 中，distribution valve

Vorfüllventil 中 プレフィル弁，pre-fill valve

vorgesteuertes Sicherheitsventil 中 パイロット操作安全弁，pilot-operated safty valve

Wasserhahn 男 水栓，water faucet，water tap

Wechselventil 中 シャトル弁，shuttle valve

3-Wegeventil 中 三方弁，cross valve，three-way valve

Wegeventil 中 方向制御弁，directional control valve，way control valve

Winkelhahn 男 アングルコック，angle cock

Zapfventil 中 水洗弁，delivery valve，discharge pipe，water washing valve

Zellradschleuse 女 ロータリーゲートバルブ，rotary gate valve

Zulaufhahn 男 取水栓（取水コック），water intake faucet，water inlet valve

zusammenwirkender Hahn 男 分水栓，corporation cock

Zwischenbauklappe 女 ウエファータイプバタフライバルブ（中間排気フラップ），wafer type butterfly valve，inter-flange damper，intermediate exhaust flap

2-30 ポンプ類

ポンプの名称については，若干わかりにくいところがあり，関連語を整理してみた（64 語収録）．

Aquarienpumpe 女 水槽ポンプ，aquarium pump

Axialpumpe 女 軸流ポンプ，axial pump，axial flow pump

Axialradialpumpe 女 斜流ポンプ，mixed flow pump

Bewässerungspumpe 女 灌漑用ポンプ，irrigation pump

Bilgewasserpumpe 女 ビルジポンプ，類 Lenzpumpe 女，bilge pump

Differentialtauchkolbenpumpe 女 差動プランジャーポンプ，differential plunger pump

Dosierkolbenpumpe 女 往復比例作動ポンプ，reciprocating propotioning pump

Dosierpumpe 女 計量・定量ポンプ，metering pump

Drehkolbenpumpe 女 回転ポンプ，rotary pump

Drehschieberpumpe 女 ロータリーベーンポンプ，rotary vane pump

druckluftbetriebe Membranpumpe 女 加圧ダイアフラムポンプ，DMP，compressed air-driven diaphragm pump

2-30 ポンプ類

Druckpumpe 囡　圧力ポンプ，pressure pump

Dürrluftpumpe 囡　乾式空気ポンプ，dry air pump

Duplexpumpe 囡　複式ポンプ，duplex pump

Einstufenpumpe 囡　1段ポンプ，single stage pump

elektromagnetische Pumpe 囡　電磁ポンプ，electro-magnetic pump

Entwässerungspumpe 囡　排水ポンプ，drainage pump

Fasspumpe 囡　ドラムポンプ，drum pump

Fliehkraftdurchflussmesser 男　軸流羽根車式流量計，centrifugal force flowmeter

Flügelpumpe 囡　揺動ポンプ，vane pump

Flügelzellenpumpe 囡　フライポンプ，fly pump，sliding-vane pump

Generaldienstpumpe 囡　雑用ポンプ，general service pump

Heberpumpe 囡　吸い上げポンプ，類 Saugpumpe 囡，siphon pum，suction pump

Hilfspumpe 囡　補助ポンプ，booster pump，standby pump

Kondensatpumpe 囡　復水ポンプ，condensate pump

Kraftstoffpumpe 囡　燃料ポンプ，fuel pump

Kreiselpumpe 囡　遠心ポンプ，類 Schleuderpumpe 囡，Zentrifugalpumpe 囡，centrifugal pump

Kühlwasserpumpe 囡　冷却水ポンプ，circulating water pumpe，cooling water pump

Lenzpumpe 囡　ビルジポンプ（船倉排水ポンプ），類 Bilgewasserpumpe 囡，bilge pump

Membranpumpe 囡　ダイアフラムポンプ，diaphragm pump

Nassluftpumpe 囡　湿式空気ポンプ，wet air pump

nichtregelbare Pumpe 囡　一定吐き出しポンプ，non-self-adjusting pump

Ölpumpe 囡　油ポンプ，lubricating-oil pump

Peristaltikpumpe 囡　蠕動ポンプ，類 Schlauchpumpe 囡，peristaltic pump

Plungerpumpe 囡　プランジャーポンプ，plunger pump

Propotionspumpe 囡　比例ポンプ（定比ポンプ），proportional pump

Pumpengehäuse 中　ポンプブロック（ポンプ本体，ポンプケーシング），類 関 Pumpenkörper 男，pump block，pump body，pump casing，pump unit

95

Pumpenkörper 男　ポンプブロック（ポンプ本体，ポンプケーシング），類 関 Pumpengehäuse 中, pump block, pump body, pump casing, pump unit

Pumpenüberwachungsbaustein 男　ポンプ監視モジュール，PÜB, pump monitoring module

regelbare Pumpe 女　可変吐出しポンプ，variable discharging pump

Reservepumpe 女　予備ポンプ，stanby pump

Saugpumpe 女　吸上げポンプ，suction pump

Saugstrahlpumpe 女　エゼクターポンプ（サクションジェットポンプ，ジェットストリームポンプ），ejector pump, suction jet pump, jet stream pump

Schlammpumpe 女　スラリーポンプ（スラジポンプ），slurry pump, sludge pump

Schlauchpumpe 女　ホースポンプ（蠕動ポンプ），類 Peristaltikpumpe 女, hose pump, peristaltic pump

Schleuderpumpe 女　渦巻きポンプ（遠心ポンプ），類 Kreiselpumpe 女, Zentrifugalpumpe 女, centrifugal pump

Schneckenlinienpumpe 女　ボリュートポンプ，volute pump

Schneckenpumpe 女　ねじポンプ（ウオームギヤーポンプ），screw pump, worm gear pump

Schraubenpumpe 女　ねじポンプ（スクリューポンプ），screw pump

Speisepumpe 女　給水ポンプ（供給ポンプ，フィードポンプ），feeding pump

Speisewasserpumpe 女　給水ポンプ，feed water pump

Spülpumpe 女　マッドポンプ，mud pump

Strömungspumpe 女　フローポンプ（非容積式ポンプ），flow pump, stream pump

Taumelkolbenpumpe 女　タンブラープランジャーポンプ（容積式ピストンポンプ），tumbler plunger pump, positive displacement piston pump

Treibmittelstrahlpumpe 女　発泡剤用（膨張剤用・推進薬用）ジェットポンプ，blowing agent jet pump

trockenlaufende Pumpe 女　乾式作動ポンプ，dry running pump

Umfüllpumpe 女　詰め替えポンプ，transfer pump

Umwälzpumpe 女　循環ポンプ，circulation pump

Verdrängerpumpe 女　容積型圧縮機（容積式ポンプ，置換型ポンプ），positive displacement pump

2-32 例外

Vertikalpumpe 女 バーチカルポンプ（縦型ポンプ），vertical pump

Wasserpumpenzangen 女 複 ウォーターポンププライヤー，water pump plier

Zahnradpumpe 女 歯車伝動ポンプ，gear pump

Zentrifugalpumpe 女 遠心ポンプ，類 Kreiselpumpe 女，Schleuderpumpe 女，centrifugal pump

zweistufige Luftpumpe 女 ２段空気圧縮機，two stage air pump，two stage air compressor

2-31 流入口，排出口の語

この語は，プロセス説明などで，頻出するが，次のようなものがある．

1）流入口，取り入れ口，入り口などの語

Einlass 男 取り入れ口（入り口，流入部位），inlet，intake

Einströmen 中 流入（注入），influx

Einströmöffnung 女 流入口（取り入れ口，注入口），inlet opening

Einstrom 男 流入（注入），influx

Zuführung 女 フィードライン（供給，供給部），feed line，feed，supply

Zulauf 男 取り入れ口（フィード），feed inlet，feed，

2）排出口などの語

Abführung 女 排出（排気，排水，回収，回収部），exhaust，sewage removal

Ablass 男 排水（排気，排出，ドレン，送り出し），discharge，outlet，drainage

Ablauf 男 経過（流出，満了，排出口），process，outlet，outflow，

Auslass 男 排出口（排気口，排水口），outlet，outflow，discharge，exhaust

Ausströmungsöffnung 女 排気口（排出口，排水口），outlet opening

　ここで，1）については，取水口，吸気口，給水口，取り入れ口などの語を，2）については，排水口，排気口，排出口などを，文の内容および媒体の種類によって，使い分けることが必要である．

2-32 例外

テスト条件，結果などを述べるときによく用いられる語である．

2. 名詞 (Substantiv)

ausgenommen bei ~ 　~におけるのを除いて〔関連形容詞・副詞〕

ausgeschlossen 　除外して〔関連形容詞・副詞〕

Ausnahme 囡 　例外；mit Ausnahme der Aufhaspel 　リール・コイラーを除いて

Ausnahmefall 男 　除外例（特例）；Das ist möglich in Ausnahmefällen 　それは例外時に可能である.

durchweg 　例外なく（全く）〔関連形容詞・副詞〕

2-33 　ろ過関係の語

医化学および環境関係でよく出てくる語である．ろ過（濾過）については，その能力により使い分けされている.

Ansammeln 中 　堆積, accumulating

Ansetzbehälter 男 　沈着・沈殿・ろ過槽, batching tank

Aufreinigung 囡 　精製（洗浄）, purification

Ausfällung 囡 　沈殿, precipitation, sedimentation

Dampfpermeation 囡 　蒸気透過, vapour permeation

Dialyse 囡 　透析, dialysis

Eindicker 男 　濃縮器, thickener

Filtrat 中 　ろ過液, filtrate；filtern, filtrieren 　ろ過する〔関連動詞〕；in gut filtrierbarer Form 　よくろ過できる形で〔関連形容詞・副詞〕

glomeruläre Basalmenbran 囡 　糸球体基底膜（糸球体ろ過関連）, glomerular basement membrane〘医薬関係語〙

Mikrofiltration 囡 　マイクロろ過（ろ過能力；$0.1 \sim 1.4\,\mu$ m）, microfiltration

Nanofiltration 囡 　ナノろ過（ろ過能力；$1 \sim 10$KD）, nanofiltration

Osmose 囡 　浸透, osmosis

Permeabilität 囡 　浸透性, permeability

permeable Membran 囡 　浸透薄膜, permeable membrane

Permeat 中 　浸透物, permeate

Pervaporation 囡 　浸透蒸発, pervaporation

Präzisionsfiltration 囡 　精密ろ過（ろ過能力；$\leqq 10\,\mu$ m）, precision filtration

Retentat 中 　残余物, retentate

Sedimentation 囡 　沈降（堆積）, sedimentation

Sieb 中 　ろ過器（篩, エリミネータ, フィルタ）, sieve, filter

2-34 Ab- 前綴りの語

sieben ろ過する（ふるう），sieve，filter〔関連動詞〕

Ultrafiltration 囡 限外ろ過（ろ過能力；15〜300KD），ultrafiltration

2-34 Ab- 前綴りの語

前綴 Ab- で始まる語は，辞書に無数に載っているが，実際によく使われる語を，まとめてみた.

Abbau 男 削減（減少，撤去，採掘）；Personalabbau 男 人員削減（最近のリストラなどで，よく使われる語である）；Phosphorabbau aus dem Metall 金属からの燐の除去

abbinden 外す（結紮する，固まる）〔関連動詞〕

Abbrennstumpfschweißen 中 フラッシュバット溶接，flash butt welding

abdecken 覆う（借金を返す）〔関連動詞〕（別項 1-25 の用法の説明参照）；Abdeckhaube 囡 フード（ダストカバー）

Abdichtung 囡 パッキング（かしめ，シール），sealing

Abdruck 男 ロールガイドマーク（複 は Abdrücke，リプリントの意味の場合の 複 は Abdrucke）

Abgas 中 排ガス，exhaust gas

Abfall 男 減少（複 で廃棄物），decrease，waste

Abfassung 囡 文書の作成，drafting

Abflachung 囡 フラット化，flattening

abgeben 渡す（放射する）〔関連動詞〕

Abhängigkeit 囡 依存，dependence

Abkommen 中 協定，agreement；Rahmenabkommen 中 大枠の取り決め，framework agreement

Abladeanlage 囡 ダンパー，unloading equipment，dumper

Ablage 囡 スタッキング受け台（積み重ね受け台，トレイ），stacker，tray

ablegen ファイルへ入れる（下に置く，実行する）〔関連動詞〕

Abnahme 囡 減少（採取，検査），decrease，sampling

abrufbar 呼び出し可能の（パソコンなどで），retrievable，callable〔関連形容詞・副詞〕

Absatz 男 オフセット［ショルダー，段落，沈殿物，販売，片寄り，ずれ，（階段の）踊り場］，off-set

Abschreibung 囡 減価償却〘設備・経営関係語〙

absehen 見て取る（度外視する）〔関連動詞〕

Abstichloch 匣 出銑口（出鋼口，タップホール），tapping hole

Abstimmung 囡 投票［チユーニング，合わせること，（日程，アポイントメントの）調整］

Abstrahlgrad 男 発散係数，radiation　factor

abtropfen 滴り落ちる〔関連動詞〕

Abplatzen 匣 パチンとはじけてとれること（パチンとひびがはいること，剥離，スポーリング），spalling

Abweichung 囡 偏差（逸脱），deviation

Abweisung 囡 拒絶（棄却），rejection

Abwicklung 囡 巻き戻し（処理，解決，展開），unwinding，rewind

2-35　An- 前綴りの語

よく用いられる前綴り An- の語をまとめた.

Anfahrbedingung 囡 運転開始条件

Angießen 匣 鋳造開始，pouring start，cast start

Anguss 男 湯口（鋳造開始），類 Einguss 男，Stehlauf 男，spure，down gate

Anhaltsangabe 囡 拠り所になる報告

anlässlich ~+2 ～の機会に〔関連前置詞〕

Anlagefläche 囡 首下［（研削車の）ハブ，座面，位置決め面］，contact surface，bearing surface，hub，locating face

Anlass 男 動機（機会）；～ zu etwas geben　～の機会を与える

anlassen 焼鈍する（始動させる），anneal，temper〔関連動詞〕

Anlasstemperatur 囡 焼鈍温度，tempering temperature

Anlauf 男 スタート，start

anlaufen 始動する，start〔関連動詞〕

Anlauffarbe 囡 アニーリングカラー，annealing colour

Anlaufkurve 囡 スタートアップ曲線，start-up curve

Ansatzpunkt 男 出発点，starting point

Anschleppen 匣 トースタート，tow-start

Anschluss 男 関連；im Anschluss an die Fachsitzung　専門会議に引き続いて

Anschnitt 男 堰，類 Eingusstelle 囡，gate

2-36 Anlage-，Auflage-の複合語，Ablage および Anlage と Anstellung の関連について

これらの語は，機械部品，機素などの説明に際し，たびたび使われているが，使われ方で，やや，紛らわしい点もあるため，整理し，比較した．

1）Anlage-の語

Anlage 自体には，装置，施設，設置，レイアウト，素質，原基，投資，付録などの意味があるが，以下のような複合語が形成される．

Anlageapparat男　フィーダー，類 Aufgeber 男，Förderer 男，feeder

Anlagedaten複　設計データ（デザイン情報），design information

Anlagefläche女　首下［（研削車の）ハブ，座面，位置決め面］，hub，bearing surface，locating face

Anlagenbildsteuerung女　システム制御パネル，system control pannel

Anlagerolle女　ユニットロール（スラストロール），unit roll

Anlagestellung女　取り付け部位；In der Anlagestellung ist der an der Schraubenkopfaufnahme anliegende Schraubenkopf an ein Werkstück anlegbar. ねじ頭保持部位のところに位置している（突合せになっている）ねじ頭は，工作物の取り付け（位置決め，サポート）部位に，取り付けができるようになっている．この文章は，関連する Anlagestellung，anliegend，anlegbar の使われ方を理解するうえで，良い文である．なお，anlegen は，ここの「取り付ける」以外に，「設計する」「計画する」「投資する」の意味でも，よく使われる．

~, der bei der Einfederbewegung am Anlenkpunkt zur Anlage kommt. それは，圧縮作動の際に，ピヴォットポイントのところで接触する・に取り付けられる．

Werkstückanlagering男　工作物取り付けリング

なお，関連する動詞には，anlagern　積み重ねる，積み重なる，anlegen　置く，取り付ける，計画する，投資するなどがあるが，"anlagen"という動詞は，存在しないので，注意したい．

2）Auflage-の語

Auflage 自体には，支え，台，シリーズ，被覆，負担金，版などの意味があるが，

2. 名詞 (Substantiv)

以下のような複合語が形成される.

Auflagebereich 男　ベアリング部位，類 Tragfläche 女，bearing area

Auflagedruck 男　軸受け圧力，bearing pressure

Auflagefläche 女　座面(サポート面，シート，接触面，バイトの底面)，bearing surface，supporting surface，seat

Auflagekraft 女　支持強度(荷重圧力，針圧力)，bearing strength，tracking force

Auflagenase 女　サポートブラケット，supporting bracket

Auflagepunkt 男　サポート点(支点)，supporting　point

Auflagestärke 女　沈殿・沈着物厚み，thickness of deposit

Auflageteller 男　フィードテーブル，類 Anlageapparat 男，Aufgabebett 中，Aufgeber 男，Förderer 男，feed table

Auflagewinkel 男　サポート角度，angle of support

3) Ablage

Ablage は，スタッキング受け台，積み重ね受け台，トレイなどの意味で意外とよく使われる語である．関連語としては，ablegen，ablegbar，ablagern などがある．この ablegbar は，次のように使われる．

Cabriolet-Fahrzeug mit einem unter einem Verdeckkastendeckel ablegbaren Verdeck　ソフトトップケースカバーの下に置くことの可能なソフトトップを備えたコンバーチブルタイプの車

なお，ablegen のほかの意味としては，実行する，ファイルに入れるなどがある．

また，ablagern は，沈殿させる，沈着させる，倉庫に入れるなどの意味で，機械，化学関係でよく使われる．似ているが，"ablagen"という動詞は存在しない．

4) Anlage と Anstellung の関連

Anlage を使った複合語については，上記項目 1) に示したとおりであるが，Anlage そのものについては，設備，設計，レイアウト，素質，投下資本，付録などの意味のほかに，位置決め面(装置)，取り付け面(装置)などの意味でも使われる．Anstellung は，位置決め，スイッチオンの意味で，その関連語としては，次のような語がある；angestellte Lagerung 位置決めされた(セットされた)軸受；Anstellwinkel 迎え角(縦ゆれ角)；anstellbar 調整できる．

「位置決め」「取り付け」の意味で共通する，Anlage と Anstellung を使った次

の文は，その用法・関連を知るうえで，参考となる．

> ~, dass die seitliche <u>Anlage</u> eine <u>Anstell</u>einrichtung zur <u>Anstellung</u>
> der <u>Anlage</u> in Bezug auf die Stapelposition umfasst.（EP2363361A2）

側面位置決め面・側面サポート面（装置）には，スタッキング（積み重ね）位置
を基に，装置を位置決め，取り付けするための位置決めデバイスが備わって
いる．（<u>Anlage</u> と <u>Anstellung</u> の関係を，わかりやすくするために，若干直訳
調にしてある）．なお，「取り付け」に関しては，この二つの語と並んで，上記
項目 1) の <u>Anlagestellung</u> と <u>anlegbar</u> も，うまく使いたい．

2-37　Auf- 前綴りの語

よく出てくる前綴り Auf- の語をまとめた．

Aufbau 男　デザイン

Aufbereitung 女　準備（評価）

Aufführung 女　呈示

Auffüllschweißung 女　補充溶接，replenish welding

Auflagefläche 女　座面（サポート面，シート，接触面，バイトの底面），bearing surface, supporting surface, seat

Auflösung 女　分析（溶解，解，固溶，解像度，分解能，解析），dissolution

Aufschluss 男　説明（可溶化）；~ über etwas^{+4} erhalten　説明してもらう

Auftrag 男　注文

Aufwand 男　消耗（出費）

Aufwendung 女　出費

Aufzeichnung 女　記録（略図，図面のプロット）

anf で始まる動詞としては次の語がある．

aufarbeiten　加工する，process

aufbewahren　保管する

aufgreifen　取り上げる

aufschmelzen　溶解する，fuse

aufstellen　作成する（陳列する）

2-38　Bau で始まる関連語

機械，バイオ，建築関連でよく使われているものには，以下の語がある．

Baugruppe 女　構成ユニット（パッケージユニット，付属品），assembly, component, unit

Baukastensystem 中　ユニット方式, unit system

Bausatzelement 中　コンストラクションセット, construction set

Baustein 男　モジュール(チップ, DNA 因子, DNA 配列, 構成要素, セグメント), module, chip

2-39　Beschaffung と Beschaffenheit

この二つの語は似ているが, 意味が違うので, 注意して用いたい.

① **Beschaffung** 女　入手・調達すること；Material<u>beschaffung</u> 女　材料の調達・入手

② **Beschaffenheit** 女　二つの意味があり, 外面的には,「仕上げ」, 内部的には「品質, 状態, 性質」を示すことが多い；Oberflächen<u>beschaffenheit</u> 女 表面仕上げ(表面性状)；Die Schlacke erhält glasige <u>Beschaffenheit</u>. そのスラグは, ガラス状態を・ガラス状の性質を維持している.

beschaffen　調達する〔関連動詞〕,〔～の状態の〔関連形容詞〕〕

2-40　㊤ ㊧ Block を含む語の整理

1)「㊧ Block」を含む語

Block 男　インゴット(滑車, 塊, ブロック), ingot

<u>Block</u>heiz<u>kraftwerk</u> 中　ブロック(地域)暖房発電所(BHKW)

Blocklager 中　パッド軸受け, pad bearing, pad thrust bearing

Datenblock 男　データブロック(ラベル), 類 Etikett 中, data block

Rollenblock 男　プーリー, 類 Flanschenzug 男, pulley

Tastenblock 男　キーパッド, keypad

Verrichtungsblocklehre 女　ブロックゲージ, block gauge

2)訳語として「ブロック ㊤ block」を含む語

Kardanstein 男　トラニオン<u>ブロック</u>, trunnion　block

Kulissenschalldämpfer 男　スライディング<u>ブロック</u>アブソーバ, sliding block absorber

Kulissenstein 男　スライディング<u>ブロック</u>, sliding block

Schaltleiste 女　コネクティング<u>ブロック</u>, connecting block

Schubbremse 女　<u>ブロック</u>ブレーキ, block brake

2-41 Deckung

Deckung 女 は，被覆，補償などの意味である；bei einem Deckungsbeitrag von 200 €   200 ユーロの補償額で

abdecken （文字どおり）覆いを取る［覆う，防食塗料を塗る，（範囲を）カバーする，返済する，別項 1-25 参照］〔関連動詞〕

Abdeckhaube 女 キャッピング（カバー，フード），hood〔関連名詞〕

Aufdeckung 女 検 出，detection；das Instrument zur Aufdeckung von Schwachstellen 脆弱部位の検出用機器〔関連名詞〕

bedecken 覆う（かぶせる）〔関連動詞〕

decken 満たす（応じる，別項 1-22 参照）〔関連動詞〕

2-42 Folge 関係

「～の結果として」のような用いられ方でよく出てくる語である．なお，順番，シーケンス，サイクルの意味での例については，別項 2-11 を参照されたし．

Als Folge davon reduzieren sich ～ その結果として，～が減少する．

Folge ist ～ ～が結果である．

haben ～ **zur Folge** ～の結果となる；Der Neigungswinkel von 17 hat einen Dickenmessfehler von 100mikron zur Folge. 17 度の傾斜角により，100 ミクロンの厚さ測定誤差が生じる．

infolgedessen その結果として；Infolgedessen wird die Qualität erheblich verbessert. その結果としてその品質がかなり改善される．〔関連副詞〕

Folge ではないが，同様の意味を表わすものとしては，以下のような文例がある．

daraus resultierend ～ そこから結果として出てくる～；Die daraus resultierenden Werte sind entsprechend niedrig. そこから結果として出てくる値は，それに対応して低いものである．woraus eine geringe Teilvielfalt an mechanishen Komponenten resultierte. その結果，機械部品の種類は減少した．

sich ergebend ～ 結果として生じる～；die sich direkt aus der Kurve ergebenden Werte そのカーブから直接結果として生じる・明らかになる値

2-43 Form

Form は，「～の形（形式）で」ということでよく用いられるが，その語の位置には次の二とおりがある．

2. 名詞 (Substantiv)

① **in gut filtrierbarer Form**　よくろ過できる形で

ein in H-Form befindlicher Kationsaustauscher　H 形の（H 形で存在する）陽イオン交換機

② **in Form einer wässrigen Lösung**　水のような溶液の形で

in Form einer grafischen Darstellung　図示する形で.

in Form entsprechender Kalotten　対応した（相応の）半球の形で

2-44　Größe

この語には，「変数・パラメーター」と「大きさ・値・量」両方のニュアンスが在るので，適宜使い分けるようにしたい.

1)「変数・パラメーター」関連

Eingangsgröße 囡　入力変数，input variable

Kenngröße 囡　媒介変数（パラメーター），parameter

Prozessgröße 囡　プロセス変数，process variable

Regelgröße 囡　制御変数，control variable

Stellgröße 囡　コントロール変数（操作変数，操作量，補正変数），manipulated variable，correcting variable

variable Größe 囡　変数，類 Variable 囡，variable

Walzspaltkenngröße 囡　ロールギャップパラメーター，roll gap parameter

2)「大きさ・値・量」関連

Bestimmungsgröße 囡　定量（定数），fixed quantity

Einflussgröße 囡　影響の大きさ（影響するパラメーター，これについては，文意による判断が必要である），cause variable

Größe 囡　大きさ・値；die Schmiedeproduktion in ihrer jetzigen Größe aufrechtzuerhalten　鍛造品生産量を現在の水準（大きさ・値）に堅持すること

Losgröße 囡　ロットサイズ，lot size；Losgröße eins　ロットサイズワン（マスカスタマイゼーション）

Merkmalgröße 囡　目標の大きさ（文意により，特徴パラメーター），feature size

Porengröße 囡　気孔の大きさ，pore size

2-46　längs, Länge, lang-

2-45　Kehrung 関係

一般的には "zurückkehren（帰る）" などで知られている語であるが，以下のように色々な関連語がある.

Abkehr 囡　転向；eine Abkehr von der fachorientierten zur verfahrensorientierten Organisationsform　専門分野指向からプロセス指向への組織形態の変更・転向〔関連名詞〕

kehren　向きを変える〔関連動詞〕

Kehrung 囡　方向転換

Kehrwert 囲　逆数値，reciprocal

Umkehr 囡　復帰（可逆）；Umkehrosmose 囡　可逆浸透（逆浸透），reverse osmosis〔関連名詞〕

Vorkehrung 囡　準備（予防手段）；gegen etwas Vorkehrungen treffen　前もって手はずを整える〔関連名詞〕

2-46　längs, Länge, lang-

綴りが似ているが意味が違うので，整理し注意したい.

1）längs（副詞，前置詞）

längsbeweglich　長手方向へ動く

Längskante 囡　縦の角・端部

Längslager 囲　つば軸受，類 Halslager 囲，Axiallager 囲，collar bearing, thrust bearings

Längsparität 囡　長手方向（水平）パリティ（検査），horizontal parity test

Längsschnitt 囲　縦断面（スリット面），longitudinal section

Längsteilung 囡　縦スリット，longitudinal slitting

Längsrichtung 囡　縦方向，longitudinal direction

quer zur Nahtlängsrichtung　溶接継手縦（長手）方向に直角に（横に），transversely to the longitudinal direction of the welding seam

2）Länge（名詞）

Bandlänge 囡　ストリップ（帯鋼）長さ；nichtmaßhaltiger Bandlängenanteil 囲　寸法の安定しないストリップ長さ割合

2. 名詞 (Substantiv)

Gesamtlänge über alles 女　全長, entire length, overall length

Länge 女　長さ(縦), length

längen　長くする〔関連動詞〕

Längenausdehnungskoeffizient 男　線膨張係数, coefficient of linear expansion

Längenelastizitätsmodul 男　縦弾性係数(ヤング率), longitudinal elastic modulus

Passlänge 女　嵌め合い長さ, fitting length

Stichleitungslänge 女　多極接続回線長さ, spur line length

Wurzellänge 女　根元長(ルート長さ), root length

3）lang（形容詞，副詞）

langfristig　長期的に

langkettig　長鎖の, long- chain

Langmaterial 中　長尺材料, long matrerial

Langzeitfestigkeit 女　長時間(長期間)強さ, long-term strength

2-47　Maßstab

尺度，規模などを意味し，研究開発過程の説明などでよく使われているが，プラントの大きさを例に，規模の大きさの順に並べてみた．これによって装置の規模のイメージが明確になると思われる．

der großtechnische Maßstab 男　大規模(コマーシャル規模), 類 der kommerzielle Maßstab 男, commercial scale

der industrielle Maßstab 男　工業規模(der großtechnische Maßstab とほぼ同義), industrial scale

Nullserienproduktion 女　パイロット生産(連続生産ではないというニュアンスがある), pilot production

Technikumsmaßstab 男　パイロットプラント規模, pilot-plant scale

der halbtechnische Maßstab 男　(小型)パイロットプラント規模(若干小型のニュアンスを含む場合もある), pilot-plant scale

Labormaßstab 男　研究室規模, laboratory scale

2-48 Meldung 類

この語は登録・申告でなじみのあるものであるが，コンピュータ関係でもよく用いられている.

Anmeldung 女 登録（申告，出願）；Anmeldung und Teilnahmeberechtigung （会議の受け付けなどで）登録と参加資格付与〔関連派生名詞〕

Meldung 女 ステータス信号（報告，通知，申告），status signal, status message

Rückmeldung 女 応答（計測・コンピュータなどで），acknowledgment 〔関連派生名詞〕

Störmeldesystem 中 トラブル通知システム，fault message system 〔関連派生名詞〕

2-49 -nis の語の性

-nis で終わる語は，語によって性が違うので，注意が必要である.

Erlaubnis 女 許可

Erkenntnis 女 認識（知識）

Ersparnis 女 節減

Kenntnis 女 知識（学識，通知）

Erlebnis 中 体験

Hindernis 中 障害

Verhältnis 中 関係

Verständnis 中 理解

2-50 Ofen

技術文でよく使われるこの語には，いわゆる加熱炉と溶解・精練炉，ほかの炉の意味がある.

1）加熱炉

Drehrohrofen 男 ロータリーキルン，rotary furnace, rotary kiln

Drehtellerofen 男 ロータリー炉，rotary furnace

Durchlaufglühlinie 女 連続焼鈍ライン，continuous annealing line

Elektronenstrahl-Mehrkammerofen 男 電子ビーム・マルチ・チャンバー炉,

2. 名詞 (Substantiv)

electron beam multi-chamber furnace, EMO

Elektroofen 男 電気加熱炉（電気アーク炉の意味で使われる場合もある），
electric furnace

Glühofen 男 焼鈍炉, annealing furnace

Gutwärmeofen 男 製品加熱炉, product heating furnace

Haubenofen 男 バッチタイプカバー炉, batch type cover furnace

Herdwagenofen 男 ボギーハース炉（台車炉）, bogie hearth furnace

Hubbalkenofen 男 ウオーキングビーム炉, walking beam furnace

Rollenherddurchlaufofen 男 連続ローラー炉床炉, continuous roller
hearth furnace

Stoßofen 男 プッシャータイプ炉, pusher type furnace

Strahlrohrofen 男 放射管炉, radiant tube furnace

Trockenofen 男 乾燥炉, drying furnace, drying oven

Tunnelofen 男 環状炉（トンネルがま）, tube furnace, tunnel kiln

Wärmehalteofen 男 熱保持炉, 類 Warmhalteofen 男, holding furnace,
heat retention furnace

Warmstauchofen 男 ホットアップセット炉（熱間据込炉）, hot upset furnace

Wiederwärmeofen 男 再加熱炉, re-heating furnace

2) 溶解・精練炉

Elektrolichtbogenofen 男 電気アーク炉（電気孤光炉）, electric arc furnace

Gießereischachtofen 男 キューポラ, 類 Kupolofen 男, cupola （furnace）

Hochofen 男 高炉, blast furnace

Induktionstiegelofen 男 誘導坩堝炉, induction crucible furnace

Konverter 男 転炉, converter

Kupolofen 男 キューポラ, cupola

Pfannenofen 男 取鍋精練炉, ladle furnace

3) その他の違うタイプの炉

Atomkernreaktor 男 原子炉, atomic reactor

Gasfeuerung 女 ガス炉, gas furnace

Heißwindofen 男 熱風炉, 類 Cowper 男, cowper, hot blast stove

Koksofen 男 コークス炉, 類 Kokerei 女, coke oven

110

2-53 Satz

Müllverbrennungsofen 男 　ゴミ燃焼炉, garbage furnace, refuse furnace

Sinterofen 男 　焼結炉, 類 Sinteranlage 女, sintering furnace

なお，上記の Hubbalkenofen の Balken はいわゆる棒グラフの棒の意味もあり，次のような用いられ方をする.

Der links beginnende Balken zeigt die Änderung. 　左から延びている棒によって，その変化がわかる（左で始まっている棒は，その変化を示している）.

2-51 Rahmen

この語は，「枠・フレーム」という意味であるが，次のようによく使われるので，慣れておきたい.

im Rahmen des BMFT- Projektes 　連邦研究開発省（BMFT）のプロジェクトの枠内で

im Rahmen des Genehmigungsverfahren 　認可された方法の枠内で

im Rahmen eines vom Land Sachsen geförderten Forschungsthemes
　ザクセン州によって進められた（助成を受けた）研究テーマの枠内で

mit neuen Rahmenbedingungen 　新しいフレームワークで

Rahmenabkommen 中 　大枠の取り決め

もちろん，本来の機器の「フレーム」の意味でも使われる.

2-52 Regel

in der Regel 　通常（たいてい）

Regel 女 　標準（法則，月経）

Regelabweichung 女 　標準偏差, standard deviation

Regeleinheit 女 　コントロールユニット, control unit

regelmäßig 　規則的な（標準どおりの，整調の），〔関連形容詞・副詞〕

regeln 　規定する（調整・制御する，コントロールする），〔関連動詞〕

Regelung 女 　規定（規制，調整・制御，コントロール）〔関連名詞〕

なお綴りの似たものとして Regal 中 があるが，こちらは「棚」である.

2-53 Satz

この語は，種類も多く，Absatz, Ansatz のように多用され，色々な意味に使われているので，慣れて使いこなしたい. Satz 類としては，Satz, Absatz, Ansatz, Aufsatz, Besatz, Durchsatz, Einsatz, Ersatz, Fortsatz, Gegensatz,

111

2. 名詞 (Substantiv)

Umsatz, Versatz, Vorsatz, Zersatz, Zusatz などがある.

Satz 男 セット(バッチ, ユニット, 定理, 定価, 沈殿, 率, 程度ほか). Satz を伴う語としては, 次のようなものがある; Datensatz 男 データセット; Einbausatz 男 組み込みセット; Grundsatz 男 原則(公理); Kokssatz 男 コークス比; Lagersatz 男 ベアリングセット; Parametersatz 男 パラメータセット; Satzbetrieb 男 バッチ操業; Walzensatz 男 ロールセット

Absatz 男 オフセット[ショルダー, (階段の)踊り場, 段落, 販売, 沈殿物, (芯の)片寄り, (ホイール中心面と取り付け面との)間隔]

Ansatz 男 棚つり[scaffold『高炉関係語』], あばた, すくわれ[scab『材料関係語』], 伸長, 突起, 評価, 出発, 学問的アプローチ, 数式, フランジのネック部位, 接合部, ラグ, シャックル, バッチ, チャージ, 沈着, 沈殿, アタッチメント

Aufsatz 男 (短かい)論文(記事, アタッチメント, キャップ)

Besatz 男 コロニー化(コロニー, リライニング, トリミング, 柄)

Durchsatz 男 装入量(通過量)

Einsatz 男 ユニット(エレメント, コア, ソケット, 差し込み, スリーブ, 装入, 使用)

Ersatz 男 代替(予備, スペアー, リプレース)

Fortsatz 男 延長部[突出部, 突起『医学関係語』]

Gegensatz 男 対比(反対)

Umsatz 男 販売(高)[売り上げ(高)], 類 Erlös 男

Versatz 男 オフセット(ミスマッチ, ミスアラインメント)

Vorsatz 男 意図; Vorsatzgerät 中 アダプター, Vorsatzteil 中 アタッチメント

Zersatz 男 分解(電解)

Zusatz 男 追加(添加)

2-54 Schlag

Schlag 男 は, 衝撃, 打撃などの意味であるが, 派生した語がよく使われるので, まとめてみた. 似た意味を持つものもあるが, 使いわけに注意したい.

Abschlag 男 打ち落とし(値下げ); Streifenabschlagmesser 中 条片打ち落とし刃

Anschlag 男 ストッパー(バッファー, リフト, 見積もり, 掲示); Anschlagstelle 女 (クレーンの)ひっかけポイント, fixing point; Festanschlag 男 ス

トロークエンド，end of stroke

Aufschlag 男　激突（追加金）；durch den Aufschlag auf den Preis　価格への上乗せによって

Ausschlag 男　たわみ（振幅，発疹，発芽，かじ取りロック）；Ausschlagbegrenzung 女　リバウンドストラップ（跳躍止め板），swing limitation；Ausschlagventil 中　キックオフバルブ（フローバルブ），kick-off valve

Beschlag 男　嵌め合い（止め金，錆，曇り，外殻）；Beschlagentferner 男　デミスター（デフォッガー），demister；なお関連動詞の beschlagen，beaufschlagen については，別項 1-30 を参照のこと．

Durchschlag 男　ストレーナ（ポンチ，押し抜き具，破裂放電，貫通），punch，disruptive dischage；Durchschlagfestigkeit 女　絶縁破壊強さ，dielectric strength

Kerbschlagfestigkeit 女　切欠衝撃強さ，notch impact strength

Volleinschlag 男　フルロック（ステアリングロック），full lock

2-55　Schleppen

これはあまりなじみのない語ではあるが，派生語，複合語が意外と用いられている．

Abschleppwagen 男　レッカー車〔関連名詞〕

Anschleppen 中　トースタート，tow start〔関連名詞〕

Ausschleppverlust 男　系外に出されて減ること，entrainment loss〔関連名詞〕

Hochschleppen 中　スピードアップ，speed up

Schleppbetrieb 男　徐行（crawl）操業，towing　operation

Schleppen 中　牽引（曳航），drag

Schlepphebel 男　ドラッグレバー（ロッカーアーム），drag lever，rocker arm

Schleppkabel 中　牽引ケーブル，drag cable

Schleppplatte 女　トランジションプレート，transition plate〖建設関係語〗

Schleppwalze 女　牽引ロール，drag roll

Seilschlepper 男　ロープ牽引機，cable tractor

2. 名詞 (Substantiv)

2-56 Setz 類

機械プロセス分野では，Satz 類と並んで，よく用いられ，またわかりにくい面もあるので，まとめてみた.

Absetzbehälter 男　シックナー，thickener，sedimentation tank〔関連名詞〕

Absetzer 男　スプレッダー（スタッカー），spreader，stacker〔関連名詞〕

Einsetzelement 中　差し込み部位，insert〔関連複合名詞〕

Setze 女　セット（工具）

setzen　座らせる（置く，据え付ける，配置する）〔関連動詞〕

Setzkopf 男　リベット頭（リベット止め），setting head，関 Schließkopf 男　リベット先，closing head

Setzschraube 女　止めねじ，類 Kontermutter 女，check nut

Setzstempel 男　止めダイ（セットハンマー），set hammer

Stemmsetze 女　かしめ工具，calking tool

2-57 Stand

この関係語は状態・状況を表わすうえでよく使われ，有用である.

Abriebwiderstand 男　耐摩耗性，abrasion resistance〔関連名詞〕

Bestandteil 男　成分（部位，部品），element，component〔関連名詞〕

Beständigkeit 女　抵抗性（安定性），resistance，stability〔関連名詞〕

ständig　安定した，stable〔関連形容詞・副詞〕

Stand 男　状態（立場）；optimal auf dem Stand der Techinik stehende Steuerung　最適な技術水準にあるコントロール；für den Stand　～現在；der akutuelle Stand　実際の状況

Standort 男　操業立地；am Standort Deutschland　ドイツでの操業立地で

Tatbestand 男　事実，類 Tatsache 女，facts〔関連名詞〕

Umstand 男　状況，類 Verhältnisse 中 複，fact，circumstance〔関連名詞〕

vollständig　完全な，complete，perfect〔関連形容詞・副詞〕

Widerstand 男　抵抗，resistance；Korrosionswiderstand 男　耐食性，corrosion resistance〔関連名詞〕

zuständig　権限のある〔関連形容詞・副詞〕

Zustand 男　状態，類 Lage 女，Verhältnisse 中 複，condition〔関連名詞〕

2-59 Stellung, stellen, Stelle

2-58 Stein 類

この Stein という語は，本来，石，結石などの意味であるが，技術関係の文では，石だけではなく，子，ブロックなどと訳され，ちょっとわかりにくいので，以下に，例をまとめた．これらの中で，Baustein は，若干「石」からは，離れた使われ方が多い．

Baustein 男 モジュール（チップ，構成要素，セグメント，DNA 因子，DNA 配列，建築用石材），module，chip

Kardanstein 男 トラニオンブロック，trunnion block

Nutenstein 男 滑り子［すべり枕，スライダー，滑りブロック，（スライドする）溝案内・溝ブロック］，類 Kulissenstein 男，Gleitstein 男，sliding block，slider，guide block

Schlussstein 男 （アーチの頂上の）かなめ石（くさび石，キーストーン，閉鎖・密閉用石，根本原理），keystone，closing stone

2-59 Stellung, stellen, Stelle

これらの関連語は，技術論文，雑誌などで非常によく用いられ，重要語の一つであるので，気をつけることが必要である．

1) Stellung 関連語

Anstellung 女 任用（雇用，位置決め，調整，コントロール）；hydraulische Anstellung ハイドローリックコントロール．「位置決め，調整，コントロール」の意味は，通常の辞書には，載っていないことが多いので注意したい，別項 2-36 参照．

Aufstellung 女 （文書）の作成

Ausstellung 女 展示（発行）

Einstellung 女 調整（設定），adjustment；Einstellung der chemischen Zusammensetzung 化学組成の調整，adjustment of chemical composition；Temperatureinstellung 女 温度調整，temperature adjustment；Konizitätseinstellung 女 テーパーの設定，taper adjustment，conicity adjustment

Darstellung 女 表示（表現，調整，遊離），representation，preparation，isolation〖機械・電気・化学関係語〗

Erstellung 女 用意（準備），preparation；Erstellung des Berichtes 報告

115

2. 名詞 (Substantiv)

書の準備

Sonderstellung 囡　特別の地位；Sonderstellung einnehmen　特別の地位を占める

Spitzenstellung 囡　トップの地位

Stellung 囡　位置（配列，調整，職位）

Zustellung 囡　（耐火物の）ライニング，類 Futter 囲，lining

2）stellen 関連語

anstellbar　コントロール可能な，adjustable，screw down controlled，〔関連形容詞，副詞〕

Anstellwinkel 團　迎え角（縦揺れ角），approach angle，angle of incidence，〔関連名詞〕

Stellglied 囲　アクチュエータ（最終制御要素，コントロールエレメント），actuator

Stellgröße 囡　コントロール変数（操作量，操作変数），controlling variable

Stellgrenze 囡　コントロール限界，controll limit

verstellbar　調整可能な，adjustable，〔関連形容詞・副詞〕

3）Stelle 関連語

An Stelle von ～　～の代わりに

anstelle ～　～の代わりに〔関連前置詞・副詞〕

Schwachstelle 囡　（デザインなどでの）弱いポイント

Schnittstelle 囡　インターフェース（インターセクション），interface

Schweißstelle 囡　溶接部位，weld，welding point

2-60　Stempel と似た関連語

機械加工関連で Stempel とスペル・発音・意味が若干似ていて，記憶する際に間違えやすい語をまとめてみた.

stampfen　突き固める，pitch，stamp

stanzen　打ち抜く（プレスする），punch，emboss

Stanzniet 團　プレスリベット（パンチングリベット，スタンプリベット），press reveting，punch reveting

Stapel 團　積み重ね（スタック），stack

Stempel 團　ダイ（ラム，パンチ，パンチングツール，スタンプ，ストラット），

die, stamp, punch

Strangpresse 女　押し抜きプレス, extrusion press

2-61　Steuer

これもよく使われ，次のようなものがある．

ansteuern　舵を向ける〔関連動詞〕

Steuer 中　舵（ハンドル），steering wheel, handle

Steuer 女　税

Steuerbord 男　右舷，関 Backbord 男，starboard

Steuerdiagramm 中　弁開閉時期線図，valve timing diagram

steuern　操舵（運転する，制御する），control, steer〔関連動詞〕

Steuerung 女　操舵（装置）〔運転（装置）・制御（装置）・コントロール（装置）〕，control or steering mechanism

Steuerspeicher 男　制御メモリー（制御用記憶装置），control memory

2-62　Strecke

Strecke には，別項 2-5 で既に述べたように，間隔の意味があるが，それ以外に，次のような語がある．

Ausgleichsstrecke 女　均熱保持ライン，equalizing line, holding line

Kühlstrecke 女　冷却ライン，cooling line

また，strecken（伸ばす，圧延する）の関係から，

langgestreckt　長く伸ばされた，elongated

Streckgrenze 女　降伏点，yield point

Streckkaliber 中　ブレイクダウンパス，breaking-down pass

Streckung 女　伸展（圧延），stretching, elongation

Streckziehen 中　引張成形（ストレッチフォーミング），stretch forming

2-63　Taste

これはいわゆる鍵（けん）・キーの意味であるが，コンピュータの普及で，次のような語でよく用いられている．

abtasten　走査する（検知する），類 aufspüren, scan〔関連動詞〕

Abtastrate 女　走査割合（サンプリングレート），scanning frequency, sampling rate〔関連名詞〕

2. 名詞 (Substantiv)

Frequenzumtastung 女　周波数偏移変調，関 Frequenzmodulation 女，frequency shift keying，FSK〔関連名詞〕

Funktionstaste 女　ファンクションキー，function key

Tastatur 女　キーボード，key-board

Taste 女　鍵（けん）（キー），key

Taster 男　ボタン（カリパー，スキャナー，フィーラ，トレーサー），button〔関連名詞〕

2-64　Trans- のバイオほかの関連語

訳語も含めて，若干まぎらわしく，バイオ・医薬などで，よく出てくる関連語・複合語・関係語について，まとめてみた．さらなる trans- の語については 3-35 を参照願います．

Bluttransfusion 女　輸血，blood transfusion

Induktion 女　誘導物質，induction

Induktor 男　誘導源，inductor

Insert 中　挿入体，insert

Transduktion 女　形質導入，transduction

Transformante 女　形質転換細胞，transformant

transformieren　形質転換する（座標変換する，変圧する），transform〔関連動詞〕

transhepatisch　経肝の〔関連形容詞・副詞〕

Translokator 男　輸送体，carrier molecule

Transplantat 男　移植片，transplant，graft

2-65　Überschreitung の訳し方（名詞化文体）

Überschreitung は，名詞で，超過などの意味であるが，次のような文章では，訳し方に気をつける必要がある．

~, wobei die Überschreitung des Vergleichswertes einen Gefahrenverdacht signalisiert.　比較値を超えると，危険の疑いを知らせる信号が出される．ここで，「超過が信号する」では，日本語にならない．また，独和翻訳では，名詞を，動詞のように訳すとわかりやすくなることが多い．これは，ドイツ語の最近の傾向の一つである「名詞化文体」，すなわち副文の複合体からなる動詞的文体に代わって「名詞化文体」が広まっているためである．(別項 1-40 参照)

118

2-66 Verfolgung

最近は，環境，歩留り向上，IoT（物のインターネット化）などの関連でよく使われる語である．

Kostenverfolgung 女　原価計算，cost monitoring，costing

Materialverfolgung 女　材料の追跡，material tracking

Rückverfolgbarkeit 女　遡って追跡できること，類 Rückführbarkeit 女，traceability；Rückverfolgbarkeit der Prüfergebnisse　テスト結果を，遡って追跡・検討できること

Verfolgung 女　追跡（訴追），tracking，trace

2-67 Verschluss, Schluss, verschloss, Schloss 類の語

似ていて若干わかりにくさがあり，整理すると，以下のようになる．

Schloss 中　ロック（錠），lock

Schluss 男　終了（結論，閉まり具合，テール，ショート），closing；Schlussstein 男　（アーチの頂上の）かなめ石（くさび石，キーストーン，閉鎖・密閉用石，根本原理），keystone，closing stone

verschloss　ロックした（クローズした），locked，closed

Verschluss 男　クロージングデバイス（シャッター，シーリング，ファスナー），closing device

2-68 Verständnis

Sachverständige 男 女　専門家〔関連名詞〕

verständlich　わかりやすい，類 einsichtig〔関連形容詞・副詞〕

verständig　賢い〔関連形容詞・副詞〕

Verständnis 中　理解

2-69 Vor- 前綴りの語

vor- の語は，沢山あるが，ここではよく用いられるものをまとめた．

Forschungsvorhaben 中　研究の意図（研究の計画，研究プロジェクト），research project

gegen etwas Vorkehrungen treffen　前もって手はずを整える

in Vorbereitung sein　準備中である，in preparation

2. 名詞 (Substantiv)

mit der bisherigen Vorgehensweise　これまでのやり方で

vorbehaltlich　前提にして〔関連前置詞〕

Vorbescheid 男　予備審査, preliminary decision〚特許関係語〛

vorbeugen　予防する, prevent〔関連動詞〕

Vorgabe 女　基準値（条件, 設定, 指示, スペシフィケーション, 目標, 規定, 仕様, 酌量度合い, ハンディキャップ）, guideline, specification, target, allowance rate

Vorgabezeit 女　作業所要予定時間, target time, specified time, standard time

vorgehaltene Ressource 女　持ちこたえた資源〔関連動詞・形容詞〕

Vorlage der Eintrittsberechtigung 女　入場許可（証）の提示

vorliegen　提出されている（存在する）〔関連動詞〕

vornehmen　行う（始める）〔関連動詞〕

vornehmlich　特に, 類 besonders, im besonderen, insbesondere〔関連形容詞・副詞〕

vorsehen　意図する〔関連動詞〕

vorwiegend　主に, 類 hauptsächlich〔関連形容詞・副詞〕

2-70　Zeit 関係の語

一般的ではあるが, 技術関係語としては, 次のようなものがある.

Einarbeitungszeit 女　実習期間, training period

Folgezeit 女　シーケンスタイム, subsequent period

Kranstillstandzeit 女　クレーン休止時間, crane downtime

Nebenzeit 女　附随処理時間（予備時間）, auxiliary process time

Rüstzeit 女　準備時間, preparation time

Standzeit 女　寿命（保持時間）, lifetime；Zeitstandfestigkeit 女　クリープ破断強さ, creep rupture strength

Verweilzeit 女　滞留時間（タンディシュなどでの）, dwell time

Zykluszeit 女　サイクルタイム, cycle time

一方,「同時に」の意味の関連形容詞・副詞としては, gleichzeitig, zeitgleich, zugleich などがある.

3. 形容詞（Adjektiv），副詞（Adverb），不定代名詞，相互代名詞，不定数詞

3-1　3格，2格支配の形容詞・副詞

以下のように，語順など独特の使い方があるので慣れる必要がある.

ähnlich dem Gerüst　そのスタンドに似て（と同様）（3格支配）

in einem dem Verfahren ähnlichen Kreislauf　そのプロセスに似た循環中に（3格支配）

Das ist der Erwähnung wert.　それは言及に値する.（2格支配）

~, um den steigenden Anforderungen gerecht zu werden　増加する要求・仕様に応じるために（3格支配）

~, das dem Verhalten von Blechen ebenbürtig ist.　板の挙動に匹敵する～（3格支配）

Das würde der Sache im Kern nicht gerecht.　それは事の核心に触れるものではないであろう.（3格支配）

3-2　完全な

gänzlich　全くの（十分な）；Die komplexen Vorgänge können nicht gänzlich erfasst werden.　複雑な過程は，完全には把握され得ない.

komplett　完全な；zwei komplette Zyklen　二つの完全な循環

perfekt　完全な

völlig　完全な（十分な）

vollständig　完全な

3-3　規定・規則どおりの語

技術文記述上，よく用いられる語である.

normgerecht　規格・規定どおりの，standard

ordnungsgemäß　規則どおりの

regelmäßig　規則どおりの（規則的な，整調の）

regulär　規則的

vorgeschrieben　規定の・所定の；Falls Härtemessungen vorgeschrieben sind, ～　硬度測定が，規定どおりの場合，～

3-4　形容詞で注意すべき格変化（中性および男性単数の 2 格）

　形容詞＋名詞の強変化する格変化の中で，中性および男性単数の 2 格は，弱変化するので，注意が必要である．これは，本来強変化すべきであるが，名詞の語尾に -s があり，格がわかるので，弱変化 -en となったものである．

Geben Sie mir bitte ein Glas <u>kalten Wassers</u>.　冷たい水を 1 杯下さい．

Inzwischen gelangen jedes Jahr rund 50 Millionen Tonnen <u>gebunde-nen Stickstoffs</u> in die Atomsphäre.　そうこうしている間に，毎年約 5 千万トンの結合窒素が大気中に到達している（放出されている）．

～ die nach Art eines Filmscharniers aus einem Streifen <u>elastischen Materials</u> gebildet ist.　弾性材料製のバンドより成るフィルムヒンジ方式で作られている～．

3-5　形容詞としての都市名・年代数字の格変化

Ich wünsche den zweiten <u>Herner</u> Umweltgesprächen in diesem Sinne ein gutes Gelingen.　この第 2 回ヘルネ環境会議が，この意味で，成功されることを希望致します．

　ここの Herne は，ノルトラインウェストファーレン州の都市名であるが，通常は，語尾に -er をつけるところを，綴りの関係で -r をつけたものである．都市名を形容詞として用いる場合，語尾に -er をつけ，語尾の格変化はないことに，注意する必要がある．なお，年代を表わす場合も同様で，次のように用いられる．

zu Beginn der <u>90er</u> Jahre　90 年代の初期に

3-6　形容詞の名詞化の例

　これは，文法書でよく説かれているところであるが，形容詞からのものと，過去分詞からの例として，次のものがある．

① 形容詞からつくられたもの：Nähere (s) 中　詳細，Normale 女 法線，Sach-verständige (r) 男 女　専門家，ほか

② 過去分詞からつくられたもの：Beauftragte (r) 男 女　受託者，Beschäftigte (r) 男 女　従業員，ほか

　形容詞が名詞として用いられる場合の格変化語尾は，付加語として用いられる場合と同じである．見出し語の変化する部分は…e (r)，…e (s) で示した．

なお，全てのという意味で，all が前につけられることがよくあるが，知られているように，例えば，複数 1 格では弱変化して，次のようになる．

alle Beschäftigten　全ての従業員

（all の用法については，別項 3-20 all 不定代名詞・不定数詞にまとめた）

3-7　形容詞の訳し方（名詞・副詞への変換）

Dies alles ergibt eine <u>bessere</u> Rentabilität der Stanz-Anlage.　これら
全てのことにより，打ち抜き装置の<u>より良い</u>利益率が得られる．

この文章は，このように訳すことも可能ではあるが，次のようにすると，さらにわかりやすくなる．「これら全てのことにより，打ち抜き装置利益率の<u>改善</u>が計られる」．すなわち，形容詞を，名詞・副詞に変換して訳すと，よりわかりやすくなる，もしくは，こなれた日本語になることがあるので，頭に入れておきたい．また，逆に，名詞を動詞・形容詞・副詞に変換することも有効で，すでに述べたとおりである．（別項 1-40，2-65 参照）

3-8　後曳副詞

前置詞の意味・ニュアンスを強調するために添えられる her，ab，hin などの副詞であるが，よく用いられるので，慣れておくと，独文和訳・和文独訳の際などで文章の幅が拡がる．

aus ökologischen Überlegungen <u>heraus</u>　エコロジー的（に十分考慮した）
観点から

von A bis <u>hin</u> zu B　A から B（に）まで

von einer bestimmten Konzentration <u>ab</u>　所定の濃度（そこ）から

von den Lageraugen <u>aus</u> beginnend zur Mitte des Hohlkörpers <u>hin</u>
サポートアイ（そこ）から始まって，中空体の中心まで（ここの Augen は，椅子
の脚部先端にある目のような形状の中空部位を指している）．

Die vom System <u>her</u> neuartige Prüfanlage　そのシステムによる（を採用し
てつくられた）新型の試験設備

Vom technologischen Schwerpunkt <u>her</u> gesehen　技術的に重要な点（テ
ン）から見て

Welt um uns <u>herum</u>　我々の（を取り巻いている）まわりの世界

訳例文中の括弧は，ニュアンスをわかりやすくするために敢えて付け加えた．

3. 形容詞 (Adjektiv)，副詞 (Adverb)，不定代名詞，相互代名詞，不定数詞

3-9 「好ましくは」の表現法（ニュアンスの比較）

特に，特許，規格などで，数値・方法を規定する場合などに，たびたび用いられる語に「好ましくは」があるが，温度範囲の規定を例にして，類似表現の使われ方をニュアンスに従って表わすと以下のようになる．（出典：p.193 に掲載）

typischerweise　通常は，10～40℃ →

vorzugsweise, bevorzugterweise　好ましくは，優先的に，20～35℃ →

weiter bevorzugt　さらに優先的に，23～33℃ →

besonders bevorzugt　特に優先的に，25～30℃ →

ganz besonders bevorzugt　非常に優先的に，27～29℃ →

insbesondere　特に好ましくは，28 ± 0.5℃ →

ganz insbesondere　非常かつ特に好ましくは，28 ± 0.3℃.

3-10 ～支援の，～ベースの，-gestützt, -unterstützt, -basiert

この語は，特にコンピュータ関係でよく用いられる．

bildschirmtextgestützt　スクリーンテキストの支援の，screentext-based

computergestützt　コンピュータ支援の，computer-aided, computer-based

mit Grafikunterstützung programmiert　図形をベースにしてプログラムされた〔関連名詞〕

modellgestützt　モデル支援の（モデルベースの），model-based；Einsatz einer modellgestützten Hochrechnung　モデル支援のシミュレーションの使用・投入

rechnergestützt　コンピュータ支援の，computer-aided, computer-based

robotterunterstützt　ロボット支援の（ロボットベースの），robot-based

softwarebasiert　ソフトウエアーベースの（ソフトウエアに基づいた），software-based

これらの例では，gestützt, unterstützt, basiert などの過去分詞となっている動詞の，目的語や前置詞目的語にあたる名詞が，前置詞を省いて，分詞とともに一つの語彙を形成しているのであり，形容詞派生方法の一つである．すなわち，von Bildschirmtext gestützt, von Computer gestützt, von Robotter unterstützt, auf Software basiert となるところを，bildschirmtextgestützt, computergestützt, robotterunterstützt, softwarebasiert としているのである．また，製品の PR のときによく使われる raumsparend は，den Raum sparend からのもので，

124

現在分詞となっている動詞の例である．（文法説明の参考引用文献：須澤 通，井出万秀『ドイツ語史—社会・文化・メディアを背景として』郁文堂，2009，p.312）

3-11 水分の多い，水のような

wässrig, wässerig 水分の多い（水のような），aqueous；in Form einer wässrigen Lösung 水のような溶液の形で；wässrige Diarröh 水分の多い下痢（水様性下痢）

Wasserinhaltsstoffe 男 複 （水への）溶解物質（水溶解不純物質），substances in water，water constituents，water impurities〔関連名詞〕

wasserlöslich 水溶性の，soluble in water，water-soluble；wasserlösliche Salze 水溶性の塩

3-12 全ての

all 全ての（別項 3-20 に all の用法をまとめた）

gänzlich 完全な（全体の）

ganz 全体の；über den ganzen Querschnitt 断面全体にわたって；als Ganzes 全体として；für die ganze Breite des Prozesses プロセス全体に対して

ganzheitlich 全体的な

gesamt 全体の；der Anteil am gesamten Einsatz 全投入量の割合

sämtlich 全体の；sämtliche gesetzlichen Auflagen 全体の法律上の履行義務．なお sämtlich に後続する形容詞は，複数でも通例弱変化する．

3-13 相互代名詞 einander 類

相互代名詞には，aneinander, aufeinander, einander, gegeneinander, miteinander, zueinander など色々あるが，ニュアンスをうまく表わす語として活用したい．

Aufgrund der Positionierung der Ausnehmungen liegen die Ringabschnitte nicht aneinander an. 凹部の位置決めにより，リング部位は互いに接し合って付き合わせにはなっていない．aneinander が anliegen の状態をうまく表している．（EP3462020）

aufeinander の文例を次に示す．

Bearbeitung von mit Abstand aufeinander folgenden Flachprodukten ある間隔で連続して（相次いで）送られてくる平らな製品の加工．この aufeinander の相次いでというニュアンスがよくわかる文例である.

次の文は，einander, miteinader を，うまく使った例である.

~, dass <u>einander</u> zugewandte Seiten benachbarter Module drehbar <u>miteinander</u> verbunden sind.　隣接したモジュールの互いに向かい合った側面は，回転できるように，互いに一緒に連結されている．ここで，einander は，zugewandt と意味が重なり重くならないように zueinander（互いに，相対して），gegeneinander（相対して）のかわりに用いられ，また，zueinander と zugewandt で zu が<u>重なる</u>のを避けているとも思われる．

gegeneinander の文例としては，次の文が挙げられる．

Trennung der sich <u>gegeneinader</u> bewegenden Metallflächen.　相対して動く金属面の分離．この例は, sich をとる現在分詞の冠飾句の一例でもある．

ほかに miteinander の例としては，

~, wobei das zweite Winkelstück zwei sich in entgegengesetzte Richtungen erstreckende, <u>miteinander</u> fluchtende Arme hat.　2番目のアングル部位には，反対方向に延びていて，互いに整列している二つのアームが備わっている．

~, dass die aus zwei gelenkig <u>miteinander</u> verbundenen Stellgliedern gebildete Kniehebelmechanik angeordnet ist.　ジョイントで互いに連結している二つの最終制御部位より成るトグルレバー機構が配置されていること．

3-14 「だんだん~に」の immer の用法

immer の用法の一つにこれがあるが，慣れて表現を豊かにしていきたい．

bei der <u>immer</u> dünner werdenden Personaldecke　ますます労働力が枯渇する場合に.

ein immer größerer Stellenwert　だんだん大きくなる立場による価値（立場の重み）

このように immer ＋比較級で，ある属性が次第にその程度を増していくことが表わされる．

3-15 「追加」の語

Hinzu kommt, dass ~　dass 以下のことがさらに加わる〔関連動詞〕

zusätzlich　追　加　の；<u>Zusätzlich</u> dazu erfolgt eine Beschleunigung der Ausscheidung.　それに加えて析出のスピードアップが起こる

Zusatz 男　追加（添加），addition〔関連名詞〕

zuzüglich 〜$^{+2}$　〜を加えて〔関連前置詞〕

3-16　必要な，絶対必要な，欠くことのできない，取るに足らない

規格・特許などで頻繁に出てくる語である.

必要な：benötigt, erforderlich, nötig, notwendig, obligatorisch

絶対必要な：unabdingbar, unbedingt, unumgänglich

欠くことのできない：unentbehrlich, unerlässlich

取るに足らない：nebensächlich, unwesentlich, vernachlässigbar

3-17　頻度・発生状況・可能性・危険度の段階を表わす語の比較

技術文書，規格，特許などを翻訳する際にこれらの副詞・形容詞のニュアンスを理解することは，重要なポイントであり，整理を試みた.

1）頻度

一般的な意味での頻度の度合いを，多くなる順に並べると次のようになる．低→高い順に示した.

nie　決してない（一度もない）→　**selten**　めったに（まれに）→　**gelegentlich, ab und zu**　時には →　**manchmal**　時々 →　**oft**　たびたび →　**häufig**　頻繁に →　**meisten**　ほとんど →　**immer**　いつも（常に，常時）

2）発生状況・可能性

発生状況を頻度の多い順に並べると，以下のようになるが，技術論文，規格，特許などで用いられる場合には，解釈上大きな意味を持つ場合も多いので注意が必要である.

ここの wahrscheinlich などは，確からしさを表わす話法詞とも呼ばれている.

JIS-B-9702 機械安全で使われている用語を，当てはめて，リスク見積りにおける発生状況を示す．高い→低い順に示した.

häufig　頻繁に（高い頻度で）→　**wahrscheinlich**　可能性多い（予想の範囲内の）→　**gelegentlich**　時には（時々発生，偶然的）→　**entfernt vorstellbar**　可能性わずか（わずかに考えられる程度の）→　**unwahrscheinlich**　可能性なし（予想の範囲外の）→　**unvorstellbar**　可能性なし（予測不能な）

3. 形容詞（Adjektiv）, 副詞（Adverb）, 不定代名詞, 相互代名詞, 不定数詞

3）危険分類

危険分類も，JIS-B-9702 機械安全で使われている用語を，当てはめて表わすと，次のようになる．危険度高い→低い順に示した．

katastrophal 致命的（非常に重大な） → **kritisch** 重大な →
geringfügig 限界的（軽度の） → **unwesentlich** 無視可能な（軽微な）

4）可能性の語 "wahrscheinlich" を用いた文例

SF, der die obere Begrenzung der <u>wahrscheinlichen</u> zusätzlichen Krebserkrankung bei lebenslanger Aufnahme von 1mg/kg beschreibt. SF（スロープファクター）の概念は，一生にわたって 1mg/kg を採取した場合に，今後起こりうるであろう（可能性の大きい）癌罹患率上昇の上限を表わしたものである．

3-18 副詞および前置詞目的語などの，未来分詞・現在分詞・過去分詞・形容詞ほかに対する使用法（冠飾句における）

いわゆる冠飾句内で，deutlich, gut, möglich, schwer などの副詞の使い方は，表現力を高めるうえで重要である．

eine gegenüber herkömmlichen Methoden <u>deutlich</u> verbesserte Ökobilanz 従来の方法に比べて明らかに改善された生態バランス

die <u>gesetzlich</u> zulässigen Werte 法律的に許容される値

in <u>gut</u> filtrierbarer Form 良好にろ過できる形で・に

in <u>gut</u> lesbar Nummer 読み取りやすい番号で，に

die durch die Anlage <u>möglich</u> gewordenen Konzepte その装置を加えることで，可能となったコンセプト

ein <u>schwer</u> zu entfernender Klebezunder 剥離することが難しい固着したスケール

sehr <u>schwer</u> filtrierbare Metallhydroxide ろ過が難しい金属水酸化物

副詞以外の要素，すなわち前置詞目的語などを伴なった冠飾句における例をいくつか以下に記す．

alle <u>in Einsatzmaterial</u> enthaltenen Problemstoffe 投入材の中に含まれている全ての問題となる元素

alle <u>zur Ausfällung</u> neigenden Wasserinhaltsstoffe 沈殿傾向のある全ての（水への）溶解物質

die <u>aus der Kurve</u> ergebenden Werte　カーブから得られる値

bei der <u>auf Raumtemperatur</u> abkühlenden Bramme　室温へ冷却される
スラブでは

die <u>daraus resultierenden</u> Imissionswerte　それから結果として得られる
放出汚染値

die <u>zur Gasreinigung</u> erforderlichen Anlagen　ガス洗浄に必要な設備

3-19　a-, -an（接頭辞の用法）

接頭辞である a-, -an は，否定，無の意味などで用いられるが，若干なじみの
ないところもあるので，改めて列挙した．

<u>a</u>chromatisch　無色の，achromatic，関 chromatisch 着色の（染色の）

<u>a</u>fokal　無焦点的な（無限焦点の，アフォーカル），afocal，関 fokal　焦点の，
病巣の

<u>an</u>hydrisch　無水の，anhydrous，関 hydrisch　含水の

<u>an</u>omal　異常な，anomalistic，関 nomal　正常な

<u>an</u>organisch　無機の，inorganic，関 organisch　有機の

<u>a</u>phak　無水晶体の，aphakic，関 phakisch　水晶体の

Arrhythmie 女　不整脈，arrhythmia；normaler Sinsusrhythmus　正常洞
調律（整脈），normal sinus rhythm，NSR〔関連名詞〕

<u>a</u>symmetrisch　不斉の（非相称の），asymmetric，関 symmetrisch　相称
的な

<u>a</u>synchron　非同期の，asynchronous，関 synchron　同期の

3-20　all（不定代名詞・不定数詞の用法）

① all は定冠詞と代名詞の前では，格変化しない．

② all の後ろにおかれる形容詞は弱変化．all の前に冠詞や指示代名詞は，おか
れない．ただし，名詞的指示代名詞や人称代名詞とは，同格となる．

<u>all das, das alles</u>　こうしたことども

<u>alles andere</u> Leben　ほかの全ての生き物，ここで，形容詞は，弱変化になっ
ている．

<u>Dies alles</u> ergibt eine bessere Rentabilität der Stanz-Anlage.　これら
全てのことから，打ち抜き装置の利益率が改善される．

<u>Dies alles</u> wird begleitet von einer angepassten Mess-und Regeltechnik.

3. 形容詞 (Adjektiv), 副詞 (Adverb), 不定代名詞, 相互代名詞, 不定数詞

これら全てが, 適切な計測制御技術によってモニタリングされる(これら全てには, 適切な計測制御技術が備わっている).

~, um __all das__ anbieten zu können, was Kunden gerne einkaufen möchten.　顧客が喜んで購入したいもの全てを提供できるようにするために

wir alle　我々みんな

③ 名詞的に用いられた alles は, 物および人を, 集合的に表わし, 複数の alle は人を表わす.

wir __alle__　我々みんな

diese __alle__　これら全ての人々

__all(e)__ diese　全てのこれらの人々

この項の文法説明は, 新現代独和辞典(第1版), 三修社, 1994 によった.

3-21　-bar, -fähig の語

動詞から形容詞・副詞を派生させる接尾辞 -bar は「~できる」, 半接尾辞 -fähig は, さらに, 「~力のある」のニュアンスで, 多用されているが, ここでは技術文でよく使われる -bar についてまとめてみた.

ablesbar　読み取り可能な, readable

abrufbar　呼び出し可能な, callable

aufrufbar　呼び出し可能な, callable

bedienbar　サービス可能な, operable

dosierbar　計量可能な, be metered

durchsetzbar　貫通可能な(実施可能な), enforceable

einsetzbar　差し込み可能な(投入可能な), applicable

extrapolierbar　外挿可能な, extrapolatable

förderbar　採掘可能な(搬出可能な, 送り出し可能な, 供給可能な), exploitable, transportable

handhabbar　取り扱い可能な(操作可能な, 処理可能な), manageable, workable

herausnehmbar　取り出し可能な, detachable

kontrollierbar　制御可能な, controllable

machbar　実現可能な, feasible, possible

programmierbar　プログラミング可能な, programmable

qualifizierbar　資格付与可能な, qualifiable

130

quantifizierbar 定量可能な，quantifiable

reproduzierbar 再生産可能な，reproducible

spürbar 感知可能な，noticeable，perceptible

tragbar サポート可能な（携帯用の），portable，sustainable

transpotierbar 搬送可能な，transportable

übertragbar 伝送・伝達可能な（透過可能な，転送可能な，転用可能な，移植可能な，感染可能な），transferable，communicable

wiederverwertbar リサイクル可能な（再利用可能な），recyclable，reusable

3-22 ～bedingt の語

～ bedingt は半接尾辞として名詞などに付加されて形容詞・副詞として派生したものであり，数は多くないものの医薬関係ほかで使われている．

altersbedingt 加齢の（加齢による），age-related；<u>altersbedingte</u> Makuladegeneration　加齢黄斑変性症

herstellungsbedingt 製造上制約のある（製造条件付きの），contingent on production；<u>herstellungsbedingter</u> Zustand 製造上制約のある状態

immunbedingt 免疫による，contingent on immune；<u>immunbedingte</u> thrombozytopenische Purpura　免疫血小板減少性紫斑病

nichtalkoholbedingt 非アルコール性の，non-alcohokic；<u>nichtalkoholbedingte</u> Steatohepatitis　非アルコール性脂肪肝炎；綴りの前に nicht をつけた語でもある（別項 3-32 参照）

prozessbedingt プロセスによる（プロセス上の，プロセス起因の，プロセス関連の），process-related，process-linked

3-23 ～ davon （それの，そこから，それについて）（副詞）

Bei <u>davon</u> abweichenden Betriebsdrücken kann eine Sonderversion angeboten werden. 弊社は，そこからは離れた運転圧力範囲については，特別バージョンを提供することができます．

～, dass als Fettsäure die Ölsäure oder Mischungen <u>davon</u> angewandt sind. 脂肪酸としては，オレイン酸またはその混合物を使用している．

3. 形容詞（Adjektiv），副詞（Adverb），不定代名詞，相互代名詞，不定数詞

3-24　dick, dicht

この二つの語は，似ているが，厳密には若干違うので，気をつけて使いたい．dicht には，「緊密な」「漏れない」の語感が加わっていると思われる．

dick　厚い（濃い），thick

dicht　緊密な（濃厚な），dense, thick, tight, sealed

Dicke 女　厚み（密度，濃度），thickness〔関連名詞〕

Eindicker 男　濃縮器，thickener〔関連名詞〕

Dichte 女　密度（濃度，緊密），density, concentration, tightness；Knochenmineraldichte 女　骨密度，BMD，bone mineral density；Stromdichte 女　電流密度〔関連名詞〕

Konzentration 女　濃度，concentration〔関係語〕

3-25　-förmig の類

〜の形をしたという意味であるが，さまざまな形状記述に便利な語である．

blattförmig　葉形の，leaf-shaped

doppeltrichterförmig　中細形の（ダブル漏斗形の，先細末広の），duplicate funnel-shaped, converging and diversing

federförmig　羽根形の，feather-shaped

parallelogramförmig　平行四辺形形の，parallelogramm- shaped

plateauförmig　なだらかな（高原のような），flat, plateau-shaped；plateauförmige Rauheitssturktur　なだらかな粗さの構造

säulenförmig　柱状の，columnar, pillared

treppenförmig　階段状の，staircase-shaped；treppenförmiger Wiedergabefehler　階段状のエイリアス（折り重なり欠陥，図形のギザギザ）

zeilenförmig　バンド状の（ライン状の），in a linear way, in rows；zeilenförmige Ungleichmäßigkeiten　バンド状の不均一性

3-26　〜 freundlich の語

〜 freundlich は半接尾辞として名詞や動詞に付加され，形容詞・副詞として派生されたもので，環境，宣伝ほかで多用されている．

bedienerfreundliches Wergzeug　ユーザーにとって使いやすい工具（ツール），user-friendly tool

benutzerfreundliches Rechnerprogramm ユーザーにとって使いやすいコンピュータプログラム，user-friendly computer program

umweltfreundlich 環境にやさしい，[類] umweltgerecht, umweltschonend, environmentally friendly

nutzerfreundlich ユーザーにとって使いやすい（使用者にやさしい），user-friendly

3-27 -gerecht, -recht

この二つの語は，スペルが似ているが間違えず，区別して使いたい．

1）-recht

senktrecht 垂直の，perpendicular

waagrecht 水平の，horizontal

2）~ gerecht　～に合った，～に適した，～に適合した

~ gerecht は，半接尾辞として名詞や動詞に付加されて形容詞・副詞として派生したものである．

bedarfsgerecht 需要に合った（需要を基にした），needs-based

normgerecht 規格に適合した，standard, standard-conforming

praxisgerecht 実際に合った（実際に則した），practice-oriented

termingerecht 期限どおりの，on schedule

umweltgerecht 環境に好都合の（環境に合った，環境に適合した），environmentally friendly, environmentally compatible

3-28 gesamt, insgesamt

この二つの語は似ているが，それぞれ形容詞と副詞で，次のように用いられる．

1）gesamt 全体の（形容詞）

Der Anteil am <u>gesamten</u> Einsatz 全投入量の割合，total proportion of charged object, total input proportion

der <u>gesamte</u> Stickstoff男 トータル窒素（全窒素），total nitrogen

<u>Gesamt</u>staub男 全粉塵，total dust〔関連名詞〕

3. 形容詞（Adjektiv），副詞（Adverb），不定代名詞，相互代名詞，不定数詞

2) insgesamt　全部合わせて（副詞）

Die Summe darf <u>insgesamt</u> 1mg nicht überschreiten.　合計は合わせて 1mg を超えては，いけない．

Zur Überwachung sind <u>insgesamt</u> 10 Temperaturmessgeräte installiert. 監視用に，全部合わせて，10 個の温度測定器が設置されている．

3-29　keine（否定を表わす複数形の否定冠詞）

　kein は，不定冠詞のイメージから，複数では，用いられないと考えがちだが，無冠詞の複数名詞では次のように使われるので，間違えないようにしたい．

Dadurch, dass <u>keine</u> beweglichen Teile erforderlich sind, kann der Aufbau der Einstelleinrichtung konstruktiv einfach ausgeführt werden.　作動部位の必要性がないので，調整装置の建設は，構造的に簡単に行なうことができる．

~, dass <u>keine</u> über das übliche Maß　hinausgehenden Risiken für die Bevölkerung zu erwarten sind.　住民に対する通常以上の危険性は想定されえないことが，を，～

　このように複数名詞に添えられる場合には，指示代名詞の複数 diese と同じ変化をする．また，keine の後ろの形容詞は，複数の場合，弱変化する．（ここの文法的説明は，新現代独和辞典，三修社，p.748 によった）．

3-30　-maßen, -mäßig の語

1) -maßen

　～のようにという意味であるが，よく使われるので注意したい（副詞）．

einigermaßen　いくらか，[類] quasi

folgendermaßen　そのように（次のように），in that way, so

gewissermaßen　ある程度は，[類] quasi

gleichermaßen　同じように，[類] gleicherweise

solchermaßen　そのように，in that way, so

2) -mäßig

　綴りの似ている半接尾辞 -mäßig が付加されて，形容詞・副詞になったものとしては，以下のような語がある．

erfahrungsmäßig　経験上（経験に従って），experiential

zweckmäßig 目的にかなった（機能的な），appropriate，suitable

3-31 mehr, mehrere

この二つの語は似た綴りであるが，以下のように用法に違いがある．

1) mehr

viel，sehr の比較級であり，附加語として用いられても語尾変化 をしないので，注意したい．

mehr als unerheblich 非常に取るに足らない

mehr Wert もっと多くの価値

durch mehr Mitentscheidung もっと多く決定に預かることにより

2) mehrere

「幾つか，何人か」の意味で，不定代名詞としての語尾変化は dieser の複数のそれと同じである．

mehrere Jahre 幾年も

3-32 nicht の用法 — 綴りの前に nicht をつける語，および冠飾句内で使われる nicht の例

独特ではあるが，綴りの前に nicht をつける語は，意外と次のように多い．

nichtalkoholbedingt 非アルコール性の，non-alcoholic

nichtdispersiv 非分散型の，non-dispersive

nichtflüchtig 不揮発性の，non-volatile

nicht-funktional 非機能の，non-functional

nichtgewerblich 非営利の，noncommercial，non- profit

nichtionish 非イオン系の，non-ionic

nichtionisierend 非イオン化の，non-ionising

nicht-kleinzellig 非小細胞の，non-small cell

nichtlinear 非線形の，non-linear

nichtmaßhaltig 寸法の安定しない，non-stable in dimensoin

nichtmetallisch 非金属の，non-metalic

nichtorganisch 有機ではない（無機質の，非有機の），anorganic，inorganic，non-organic

3. 形容詞 (Adjektiv)，副詞 (Adverb)，不定代名詞，相互代名詞，不定数詞

nichtplanar 非平面の，non-flat；nichtplanare Aromaten 非平面芳香族

nichtregelbar 非自動調整の，non-self-adjusting；nichtregelbare Pumpe 囡 一定吐き出しポンプ

nichtrostend ステンレスの（不錆の），stainless；nichtrostender Stahl 囲 ステンレス鋼（不錆鋼），stainless steel

nichtsymmetrisch 非対称の，non-symmetrical

nichtvergütbar 非熱処理の（熱処理できない），non-heat treatable

また，単語に続けずに用いられることもある（いわゆる冠飾句内で使われる nicht の例）．

aus <u>nicht</u> kaltgewalzten Lieferungen 冷間圧延されていない納入品から．

im Bereich des <u>nicht</u> durch den Haspelzug gestrafften Bandes リール張力によってピンと張られていないストリップ（帯鋼）の範囲に．

den <u>nicht</u> unproblematischen Staplerverkehr erübrigen 問題がないわけではない（問題となる）フォークリフト運送（搬送）を残す・そのままにする．

unter <u>nicht</u> zur Entkohlung führenden Bedingungen 脱炭へ導かない・脱炭を引き起こさない条件下で．

Wiedereinsatzbarkeit <u>nicht</u> verschlissener Walzen 摩耗していないロールの再利用の可能性．

3-33 nur noch の用法

nur noch は，「～しかない」「もう～の点だけが～」などの意味合いで用いられ，nicht nur と対をなしている．

Da Phosphor und Schwefel bereits aus dem Roheisen entfernt sind, sind in LD-Konverter <u>nur noch</u> die Entkohlung und die Temperatureinstellung erforderlich. 燐とサルファーは，すでに溶銑から除去されているので，LD 転炉で必要とされることは，<u>もう</u>脱炭と温度調整<u>だけ</u>である．

3-34 -orientiert 類

「～を目指した」「～を向いた」という意味であるが，過去分詞の動詞と名詞が一つの語彙を形成して形容詞・副詞となったものであり，意外と便利で技術文で多用されている語である．（別項 3-10 参照）

absatzorientiert 販売を目指した，marketing- oriented

aufruforientiert リクエスト式の, request-oriented

bedarfsorientiert 需要に合った（需要を目指した）, 類 bedarfsgerecht, needs-oriented；bedarfs-orientiertes Lagerprogramm 需要に合わせた貯蔵プログラム

exportorientiert 輸出を目指した, export-oriented

fachorientiert 専門を目指した（その範囲だけの）, subject-oriented, specialist oriented

verfahrensorientiert プロセス全体を目指した, process-oriented；eine Abkehr von der ursprünglich fachorientierten zur nunmehr verfahrensorientierten Organisationsform 元々その専門範囲だけを目指したものから, 今やプロセス全体を目指した組織形態への転換

ここで参考までに, orientieren と Orientierung の使われ方を示す.

orientieren 方角を定める；der Betrieb, der sich an den zur Verfügung stehenden Kapazitäten orientieren musste, 〜 使用可能な能力に合わせなければならなかった（使用可能な能力の範囲内で行われなければならなかった）操業は, 〜

Orientierung 女 方向付け, 教示；modernes Marketing mit einer eindeutigen Kundenorientierung 明らかに顧客指向の近代的なマーケティング

3-35 per-, post-, retro-, trans- などの特に医薬関連の接頭辞

これらの接頭辞は, 特に医薬関係では重要な意味があるとともに, 多用されることから慣れ, 間違えないようにしたい.

1) per (i) -

per (i) - は,「周りの」「近い」などの意であるがわかりにくいので混同を避けたい. periapikal 根尖性の, perinatal 周産期の, perineal 会陰式の, periosteal 骨膜の, peripher 末梢の, peristaltisch 蠕動の, peritoneal 腹膜の（腹腔の）, perkutan 経皮的, perniziös 悪性の, peroral 経口的, persistent 遷延性の（持続的な）, perzeptibel 知覚できる

2) post-

post- は, 文字どおり,「〜後の」意味であり時間関係を表わしている. Postmenopause 女 閉経<u>後</u>, postoperativ 術<u>後</u>の, postpartal 分娩<u>後</u>の,

Postperfusion 女 潅流後, postspinal 腰椎穿刺性の（穿刺後の）, postsynaptisch （神経の）シナプス後の, Posttransfusion 女 輸血後, Posttransplantation 女 移植後

3) retro-, nach-, hinter-

retro- は, 位置関係を表わし, 後ろ（後）の意味で,「後～」「～後」の形で用いられる：retrograd 逆行性の, retropatellar 後膝蓋の, retroperitoneal 後腹膜の, retropubisch 恥骨後の

また, nach も nachgeschaltet（後位置制御の）のように位置関係を表わしている. hinter- には, hinterleuchtet（後ろから照らした）, Hinterlappen 男 （後葉）, Hinterachse 女 （後車軸）ほかがある. さらに posterior（後部の）も位置関係を表わすことがある. proximal（近位の）, distal（遠位端の）も位置関係を表わすうえでよく使われる. 同じく dorsal（背側の）も次のように用いられる：dorsale Wurzelganglien 後根神経節（脊髄後根神経節, 背根神経節）.

なお,「後」などの読み方, たとえば,「こう」「ご」などの使い分けについては, 次のホームページが有用である. 平松皮膚科医院ホームページ：医学用語読み方辞典 2, 身体の部位・症状・その他.

4) trans-

trans- は,「経～」の意味で手法を表わすためにもたびたび用いられる.

transhepatisch 経肝の, transjuglar 経頸静脈的, transkraniell 経頭蓋の, transluminal 経管的（経腔的）, transrektal 経直腸的, transurethral 経尿道的, transvenös 経静脈的

3-36 Richtung と方向を表わす形容詞・副詞の用法

技術系の文章では, 作文する場合も読解する場合も, 方向に関することを, 正確に理解することが重要であるので, 以下の表現に習熟したい.

axial 軸の（軸上の）；in axialer Richtung 軸方向で（に, へ）, in the axial direction

entgegengesetzt 相対した（逆の）, opposite；～, wobei das zweite Winkelstück zwei sich in entgegengesetzte Richtungen erstreckende, miteinander fluchtende Arme hat. ここで 2 番目のアングル部位には, 反対方向に延びていて, 互いに整列している二つのアームが備わっている. この文では,

運動の方向を示しているので，4格となっている．

horizontal　水平の，⊛ horizontal；<u>horizontale</u> Durchbiegung gegen die <u>Walzrichtung</u>　<u>圧延方向</u>に対して<u>水平での</u>反り変形；in <u>horizontaler Richtung</u>　<u>水平方向で</u>（に，へ）．

in dieser Richtung　<u>この方向で</u>，in this direction；Ich denke, dass die neuen Möglichkeiten der Risikobewertung einen Schritt in diese <u>Richtung</u> darstellen．私は，可能性のあるこの危険度分析法が，<u>この方向への</u>一歩を歩み始めたとものと思います．ここでは，この方向に向かってというニュアンスで4格になっている．

mit einer in <u>Transportrichtung</u> eines Bedruckstoffes gesehen <u>stromabwärts</u> der Längsfalzeinheit angeordneten Schneideinheit,　走行用紙の<u>搬送方向</u>を見て，長手折り機の<u>下流方向</u>に配置されている切断ユニットを備えた～

nach oben oder unter　上または下へ，upwards or downwards；Querwölbung nach oben oder unter　横断面の上または下へのふくれ

pararell zu ～　～に平行に，pararell to ～

quer　横の（垂直の，直角の），cross；die quer zur <u>Nahtlängsrichtung</u> liegenden Nahtquerschnitte　<u>溶接接手長手方向</u>と<u>垂直な</u>関係にある溶接継ぎ手横断面

senkrecht　垂直な，vertical，perpendicular；Die Strahlung erfolgt <u>senkrecht</u> zur Bandoberfläche．照射をストリップ（帯鋼）表面に対して<u>垂直に</u>行なう．

waagrecht　水平の，horizontal

また Richtung の複合語としては，次のようなものがある．

Breitenrichtung 囡　幅方向，width orientation

Fachrichtung 囡　専門性・専門の方向，field direction，discipline

Höhenrichtung 囡　高さ方向，height direction

Nahtlängsrichtung 囡　溶接接手長手方向，longitudinal direction of welded joint

Transportrichtung 囡　搬送方向，transport direction

Verformungsrichtung 囡　成形加工方向（変形方向），direction of deformation

3. 形容詞（Adjektiv），副詞（Adverb），不定代名詞，相互代名詞，不定数詞

Walzrichtung 女　圧延方向，rolling direction

3-37　rund, Rund, Runde

rund　丸い（円形の，約，巡って）；rund um die Uhr　24 時間通して，rund-
um 周囲に，um Rund 1 €　約 1 €

Rund 中　円（球），circle

Runde 女　周囲（円，環，一巡），round

Rundeisen 中　丸棒，round bar

Rundlaufbank 女　同心回転台，concentric run base

Rundnahtschweißung 女　円周シーム溶接，circumferential welding

3-38　-schlüssig の語

機器，部位の連結方式の記述でよく用いられる語であるが，わかりにくい点もあ
るので以下にまとめた．

formschlüssig　フォームフィティングの（ポジティブロッキングの，インターロッ
キングの，ガイドコネクッションの，型枠固定締めの），positive-locking, in-
terlocking

gegenformschlüssig　相手側フォームフィッティング結合の，counter form-
fitting

kraftschlüssig　テンションロッキングの（圧入の），force-fitting, non-posi-
tively fitted

reibschlüssig　摩擦連結の，frictional locking

stoffschlüssig　材料接合連結の（接合接着の，固着の），firmly bonded

なお，ここで，formschlüssig は，不動固定（nichtschaltbar, starre）式で，一方，
kraftschlüssig は，可動式（schaltbar）である．

関連語としては，antriebsverbunden（駆動連結の，network drived），wirk-
verbunden（作用連結の，operatively connected）がある．

3-39　-seitig

〜面の，〜サイドのと言う意味だが，説明の際に次のように色々と使われている．

beiderseitig　両側の，mutual；beiderseitig innen und außen　内外両側で

einlaufseitig　入り側の，on the inlet side

3-40 selbst の用法

gegenseitig 反対側の(相互の), opposite side, mutual

stahlwerksseitig 製鋼工場サイドの, steel works side

stirnseitig 前面側の, on the face

vielseitig 多方面の, versatile, varied

walzwerksseitig 圧延工場サイドの, mill-works side

wechselseitig 交互の(相互の), mutual；wechselseitiger Betrieb 交互操業

3-40 selbst の用法

selbst には, 1)「~ですら, さえ」(副詞),「それ自体, 自身, 自ら」(指示代名詞)の意味で用いられるもの, 2)名詞, 現在分詞, 過去分詞などと結びついて「自己~, 自動~」の意味の語として用いられるもの, の二つの大きな用法がある.

1)「~ですら, さえ」「それ自体, 自身, 自ら」の用法

Das ist sehr gering, <u>selbst</u> über lange Walzprogramme. 長い圧延プログラムを通じて・にわたっても, それは非常にわずかである.(副詞)

Die Mäuse bilden Antikörper, ohne <u>selbst</u> krank zu werden. それらのマウスは, 自身が病気にかかることはなく, 抗体を形成する.(指示代名詞)

Der Mangel darf nicht von Mängeln des Stahles <u>selbst</u> herrühren. その欠陥については, その鋼自身の欠陥に起因することは, 許されない.(指示代名詞)

Schäden, die nicht an dem Liefergegenstand <u>selbst</u> entstanden sind. 納入物それ自体には発生していなかった損傷(指示代名詞)

<u>Selbst</u> beim Einblasen von dioxinbeladenem Aktivkoks wurden nur minimale Dioxinwerte gemessen. ダイオキシンに汚染された活性コークスの吹き込みの場合ですら, ごく少量のダイオキシン値しか測定されなかった.(副詞)

<u>Selbst</u> ohne Berücksichtigung einer Leistungssteigerung ergibt sich daraus eine Energieeinsparung von 0,05 GJ/t. 効率アップということを考慮しなくても, 0.05 GJ／t の省エネ値が, そこから得られる.(副詞)

<u>Selbst</u> wenn die Leistungssteigerung der Öfen nicht berücksichtigt wird, bedeutet dies eine zusätzliche Energieeinsparung von 0,43 GJ/t. 仮に炉の効率アップを考慮しなくても, さらに 0,43 GJ/t の省エネが

3. 形容詞 (Adjektiv), 副詞 (Adverb), 不定代名詞, 相互代名詞, 不定数詞

得られることが示されている.（副詞）

verfahren wie wir selbst　我々自身と同じように振る舞う（指示代名詞）

2)「自己〜，自動〜」の用法

selbstarretierend　自動ロックの（自己ロックの，セルフロックの），self-locked

Selbstauslöser 男　自動シャッターリリース（セルフタイマー），self-timer〔関連名詞〕

selbstausrichtend　セルフアライニングの，self-aligning

Selbstbefruchtung 女 自家受粉，類 Autogamie 女，self pollination,〔関連名詞〕

selbsteinstellend　自己調心の，self-adjusting；automatische selbsteinstellende Kugellager 中 複　自動（自己）調心玉軸受け

selbstentwickelt　自己開発された，self-developed；selbstentwickeltes Programm 中　自己開発プログラム

selbsterregend　自励の，selfexcited；selbsterregende Schwingung 女　自励振動

Selbstinkompatibilität 女　自家不和合性，self-incompatibility〔関連名詞〕

selbstkatalytisch　自己触媒の（自己接触の），self-catalytic

selbstlernend　自己学習の，self-learning；selbstlernende neuronale Systeme 中 複　自己学習ニューロンシステム

Selbstorganisation 女　自己組織化，self-organization〔関連名詞〕

Selbstregelungsventil 中　自動調整弁，automatic regulating valve〔関連名詞〕

selbstschmierend　自己潤滑の，self-lubricating；selbstschmierende Segmentkäfige 男 複　自己潤滑弓形回転子（自己潤滑セグメントケージ）

selbstschneidend　セルフタッピングの，self-tapping，self-cutting；selbstschneidender Gewindeeinsatz 男　セルフタッピング差し込みねじ

selbstständig　自律の（独立した），類 独 autonom，independent，autonomous

selbsttätig　自動の，automatic；selbsttätige Feuerregelung 女　自動燃焼制御，automatic combustion control，AC

selbsttragend　自己支持型の〔（構体全体で重量を支える，外皮が強度部材を兼ねる）張殻の，モノコックの〕，self-supporting，仏 monocoque

Selbstüberwachung 女　自己監視，self-monitoring；Selbstüberwachung der Geräte 女　機器の自己監視〔関連名詞〕

3-41　sich をとる現在分詞の冠飾句

冠飾句には，別項 3-18 に述べたように，いろいろあるが，ドイツ語特有の sich をとる現在分詞の冠飾句には次のような例がある．表現を豊かにする意味で，sich をとる現在分詞の用法に慣れておきたい．

durch <u>sich</u> gegenseitig überschneidende Halbkugeln　相互に交叉している半球によって

Hinweise für <u>sich</u> abzeichnende Abweichung　目立つブレ・偏差に関する言及

in der <u>sich</u> anschließenden Reduktionszone　隣接している還元域内で

~ einer sich an den Prozess anpassenden Funktion　そのプロセスに合った機能の～

die <u>sich</u> direkt aus der Kurve ergebenden Werte　カーブから直接，結果として生じる・明らかになる値

~, wobei das zweite Winkelstück zwei <u>sich</u> in entgegengesetzte Richtungen erstreckende, miteinander fluchtende Arme hat.　ここで 2 番目のアングル部位には，反対方向に延びていて，互いに整列している 2 個のアームが備わっている．

3-42　-spezifisch の語

この -spezifisch が名詞に付加された語は非常に便利で，以下のように色々あり，多用されている．

anlagenspezifisch　設備に特有の・固有の，plant-specific；anlagenspezifische Parameter 男 複　設備に固有のパラメーター

anwenderspezifisch　利用者・ユーザーに固有の，user-specific；anwenderspezifische Prüfung 女　利用者・ユーザーに特有のテスト

kundenspezifisch　顧客に特有の，customer-specific

verfahrensspezifisch　プロセスに固有の，process specific

werkstoffspezifisch　材料に固有の，material-specific

3-43　-üblich

betriebsüblich　操業上普通の，customarily　used

3. 形容詞（Adjektiv），副詞（Adverb），不定代名詞，相互代名詞，不定数詞

handelsüblich　商慣習上普通の（普通に扱える），customary, usual in commerce

似た綴りのものとして，

sich erübrigen　余計なことである

ungeübter PC -Bediener 男　扱いに慣れていない PC ユーザー

3-44　～ weise, Weise の用法

　この語は「～のやり方で」ということで，よく用いられるが，名詞の場合と，副詞，形容詞としての場合とがある．

1）Weise（名詞）の例

auf diese Weise　このようにして（このような方法で），in this way；Auf diese <u>Weise</u> wird möglichen Flammenrückschlagen wirksam vorgebeugt. このようにして，生じる可能性のある逆火を有効に予防できる．なお，Weise とは関わりはないが，この vorbeugen は，3 格をとる自動詞であり，3 格をとる自動詞の受動形で，倒置または後置の場合には，いわゆる仮主語の es が，省略されるが，3 格の訳し方と相まってなじみが少ないと思われるので，気をつけたい．日本語の助詞にうまく訳す必要がある．

in analoger Weise　アナログ方式で（同様の方式で），in a manner analogous

in beabstandeter Weise　離れて（離して），in a separate way

in dieser Weise　このようにして，in this way；in dieser Weise は，様相または心的態度を表わすのに対し，auf diese Weise は，ある結果を生じさせる道程や手段を表現するのに用いられる．

in keiner Weise　決して～でない，in no way

Produktionsweise 女　生産方式，production method, mode of production

Vorgehensweise 女　処理方法，approach, procedure

Wirkungsweise 女　作用方式，mode of action

2）-weise（副詞，形容詞）の例を以下に挙げる

absatzweise　バッチタイプの（バッチタイプで，段落ごとに），in batch type, paragraph by paragraph

annäherungsweise　近似の（近似で），approximately

auszugsweise　抜粋して（要約して），in part

beispielweise　例えば，for example

ersatzweise　代替の（代替で），alternatively

fallweise　一つ一つ（場合場合で），occasionally

lagenweise　層を成して（重ねて），in layers

möglicherweise　できれば（たぶん），possibly

naheliegenderweise わかりやすいやり方で（明白なやり方で），reasonably

nomalerweise　普通は（通常），normaly

pulsweise　パルスのような（パルスのように），in pulsed mode

schrittweise　一歩一歩（の）［少しずつ（の）］，successive, stepwise

stückweise　一部ずつ（バラで，一個ずつ，一つずつ），piecemeal

teilweise　部分的に（部分的な），partially

überraschenderweise　驚くようなやり方で（驚くようなやり方の），surprisingly

vergleichsweise　比較して（比較のための），comparatively

zweckmäßigerweise　適切な（適切に，機能的な，機能的に），appropriate

3-45　zugewandt, abgewandt

　zugewandt は，（その方へ）向けられた，abgewandt は，（他方へ）向けられた，そらされた，などの意味であるが，3格支配で位置関係を説明する場合によく使用される．技術関係文では，etwas[3] zugewandt ～ または etwas[3] abgewandt ～ の形で用いられることが多い．最初は違和感があるが慣れたい．

an dem der Scheibe <u>abgewandten</u> Ende.　そのディスク・ワッシャーとは反対の端部で，

～, dass einander <u>zugewandte</u> Seiten benachbarter Module drehbar miteinander verbunden sind.　隣接したモジュールの互いに向かい合った側面は，回転できるように，互いに一緒に連結されている．なお，ここの Modul は，中性名詞で，いわゆるモジュール，コンポーネントの意味であるが，Modul が男性の場合には，係数などのモジュールの意味となるので間違えないようにしたい．

4. 前置詞 (Präposition)

4-1 事物の量・内容・関係を表わす an の使用法

この用法の典型例は，Menge an ～ （～の量）であるが，以下，よく用いられるものをまとめた.

Beladung an organischen Lösemitteln　有機溶剤の注入(負荷)

Defekt an der Dichtrippe　リップシール欠陥

Einbusse an Qualität　品質を損なうこと・失うこと

Einsparung an Energie　省エネルギー

Gehalt an ～　～の含有量

eine geringere Teilvielfalt an mechanischen Komponenten　多岐にわたらない(種類の少ない)機械部品

Gewinn an Verfügbarkeit　自由度・利便性での利点

Hauptmenge an ～　主成分である～

Hintergrund an erbgutveränderten Einflüssen　遺伝子操作の影響という背景

Höchstmaß an Nutzen　最大の効果

hohes Maß an Verlässlichkeit　高い(程度の)信頼性

Mängel an der Bereifung　タイヤ装着での欠陥

mehr an Kontakt zu Laufkunden　一見の客(巡回する客)とのもっと多くのコンタクト

Mindestmaße an Facherkentnissen　最低限度の専門知識

mit einem Minimum an Wasser　最少量の水で

Prüfung an Öl　オイルテスト

Schäden an Reifen　タイヤの損傷

Verschleiß an Bremse　ブレーキ磨耗

eine Vielzahl an Funktionen　多くの機能

Zugversuch an Stahl　鋼の引張りテスト

また an のない次のような用例も在るが，同格または an, von の省略と考えられる.

eine ausreichende Menge Stickstoff　十分な量の窒素

4-2 動詞との関連での an の用法

an と動詞との関連の例をまとめてみた．動詞との関連で慣れることが必要である（前置詞格）．

an den Blättern nagen 葉をかじる（an^{+3}）

an der Bluterkrankheit leiden 血友病に苦しんでいる（an^{+3}）

an einem Erfolg zweifeln 成功を疑う（an^{+3}）

an Hämophilie erkranken 血友病にかかる（an^{+3}）

an 〜$^{+4}$ herangehen 〜に近ずく，とりかかる

an 〜$^{+4}$ heranreichen 〜に達する，匹敵する

an 〜$^{+4}$ sich wenden ある人に照会する（別項 7-5 の問い合わせ先に，例文は提示した）

an den Nerven zehren 神経をむしばむ（an^{+3}）

an 〜$^{+4}$ sich machen 〜にとりかかる

an einem Strang ziehen 同じ目標を追う（an^{+3}）

am Verzögerungsverlauf der Karosserie teilnehmen 車体の慣性現象の影響を受ける（an^{+3}）

daran vorbei gehen そのそばを通り過ぎていく

Es fehlt an 〜$^{+3}$ 〜が欠けている

Das ist an der Tagesordnung それは，日常茶飯事だ（an^{+3}）

jemanden an etwas$^{(3)}$ hindern ある人があることをするのを妨げる

Die Preise gingen an einen Forscher その賞は，ある研究者のものとなった（an^{+3}）

ein Risiko an Krebs zu erkranken 癌に罹る危険率（この an は，動詞 erkranken と名詞 Risiko の両方にかかっている）

4-3 auf の用法

auf の動詞，名詞との関連での使われ方の 1 例を示す．

Senkung des Wasserverbrauchs auf unter 80 Liter. 水使用量の 80 リットル以下への減少．このように，前置詞が重なる使い方もある．

Die Standzeit ist auf zwei Jahre festgelegt worden. その寿命は，2 年に設定されている．

4. 前置詞（Präposition）

4-4　seit（〜以来）の表現および将来を表わす語句

① **seit**　〜以来：seit Jahrzehnten　何十年来；seit jeher　ずうっと以前から；seit längerem　ずうっと以前から；seit mehereren Jahren　数年来；seit einiger Zeit　ちょっと前から

② **将来を表わす語句**：in den Folgejahren　後年；in den nächsten Jahren　将来；in den nächsten 10 Jahren　これから10年の間に；im Laufe der nächsten Jahre　将来（の間に）；für die nähere Zukunft　近い将来

4-5　um の用法

Reduzierung der Gefahrstoffe um weitere 5 Prozent　さらに（約）5% の危険物質の削減（概数の用法）

このほか um には，場所，時，目的，関与，差異などに関する用法があり，適宜訳する必要がある．

4-6　〜 von 〜の形

これらの 〜 von 〜 の形は，表現力を高めるうえで有用であり，馴染むようにすることが必要である．

durch eine Vielzahl von Verbesserungen　多くの改善により

Es gibt eine Reihe von Prozessen.　一連のプロセスがある．

Hunderte Arten von Mikroorgnismus　何百種類もの微生物

Jede Art von Instandhaltungsleistung　それぞれの種類の保全サービス

Das liefert eine breite Produkutplatte von 〜 bis zu 〜　それは〜から〜までの幅広い製品群を提供します．

Nutzung eines breiten Spektrums von Kohlen　幅広い炭種の使用

Die Sortenvielfalt von Werkstoffbevorratung　多様な種類の材料備蓄

Tausende von Tonnen an Chemikalien　何千トンという化学薬品

Wieviel von welchen Verbindungen nehmen die Bäume aus der Luft auf？　これらの木々は，空気中から，どのような化合物をどのくらい吸収しますか．

なお，次のような an，von の省略または同格とも考えられる同様の表現がある．

eine ausreichende Menge Stickstoff　十分な量の窒素

36 Stück Rohre　36本（個）のパイプ

また，前置詞が重なった形もある．（上記の ～ von ～ の用法とは別の形）

ein Aufkommen <u>von über</u> 1,000 kfz/Tag　1 日あたり 1000 台を超える自動車の通行量

4-7 wegen

この 2 格支配の前置詞は，「～のために，～の理由で，～に関して」などの意味であるが，どちらかといえば，否定的な意味合いで用いられることが多いが，次のような使われ方もある．

Wegen der Trennunug von Schleifraum und Arbeitsbereich ergibt sich hohe technische Verfügbarkeit.　研削空間と，加工領域を分離することで，技術的に大きな可能性（使いやすさ）が生まれてくる．ここでは，wegen は，良い意味で用いられている．また，文中の ergeben sich は，（結果として）生じる，明らかになる，の意味であるが，技術文でたびたび使われるので，覚えておきたい再帰動詞である．

4-8 zu の用法

zu にはさまざまな用法がある．

1）に，時

<u>zu</u> jedem Zeitpunkt einer Viertelstunde　15 分の中のいつでも

2）目的・目標，に関しての

bestimmen <u>zu</u> einem festen Bezugsniveau　ある決まった関係水準に指定する

Information <u>zu</u> ～　～に関する情報

Das Institut ist <u>zur</u> Mitarbeit verpflichtet.　その研究所は協力を義務づけられている．

Kontakt <u>zu</u> den Behörden　役所とのコンタクト

Unternehmensfusion <u>zu</u> Thyssen AG　テュッセン社との企業合併

3）対比・関係，に対して

gegenpol <u>zu</u> ～　～と正反対

～ ist proportional <u>zum</u> Volumen　ボリュウムに比例している

149

4. 前置詞 (Präposition)

Das steht in Übereinstimmung <u>zu</u> den toxikologischen Begründungen.
それは，毒物学的理由付けと一致している．

Der Preis steht in linearer Beziehung <u>zur</u> Kennzahl. その値段は，その
指数と直線的な(リニアーな)関係にある．

4）追加，付加

<u>zu</u> ～ aufsummieren ～に合計する

このように zu は本来の前置詞としての色々な用いられ方とともに，いわゆる文法
書で述べられている前置詞格としての用法があるので，慣れることが何よりも必要
である．前置詞格については，auf, an を例に挙げ別項 4-2 ほかで述べた．

4-9 zugunsten

zugunsten は，2格支配の前置詞であり，若干なじみのないようにも思われるが，
「～のために，～に有利なように」という意味で，意外と用いられるので，慣れてお
きたい．なお，zugunsten は3格の後に置かれることもある．

**Dieses Verfahren soll <u>zugunsten</u> einer hohen Produktivität geändert
werden.** このプロセスの生産性が向上するように，修正・改善します．

5. 接続詞（Konjunktion）

5-1 「～の場合に」の語

これには，bei と Fall，falls がある.

① **bei**：Bei ～　～の場合に．この bei は，3 格支配の前置詞であるが，いくつかある機能の中の「場所または時，理由」を表わす機能がこれに相当する.

② **Fall** 男　場合；im Falle einer Störung　トラブルの場合に；in diesem Fall この場合に；in Ausnahmefällen　例外的な場合に；in Zweifelsfällen　疑わしい場合に

③ **従属接続詞 falls**：Falls ～（もし）～の場合に；Falls Härtemessungen vorgeschrieben sind, sind diese durchzuführen　硬度測定結果が，規定どおりの場合には，これらは，実行可能である.

5-2 dass：二つ dass 構文より成る文

次のように dass を同一文中に二つ持つ構文もある.

～, dass durch den Tidenhub sich verändernde Wasserstände nicht dazu führen, dass Luft in die Kammer eindringen kann.　潮の干満の差による水位の変化によって，（結果として）空気がチャンバー内に浸入することはないこと．この文例は，通常の dass 構文に dazu を説明する dass 文が加わったものである．なお，文中の sich は，位置の点からも当然のことながら verändernd の sich であり，ここの führen は，自動詞で，zu etwas[3] führen として，用いられている.

5-3 gleich ～ wie ～, so ～ wie ～ 従属接続詞

「あたかも～であるかのような，～と同じような，同じくらい」の意味であるが，次のように使われ，同等比較に用いられる.

1）gleich ～ wie ～ の用例
Grundsätzlich gelten hierfür die gleichen Anforderungen wie für das betriebsseitige Personal.　これについては，工場側の人員に対することと，同じような要求が，基本的には当てはまる.

151

5. 接続詞 (Konjunktion)

**Wir wirken auf unsere Vertragspatner ein, nach <u>gleich</u>wertigen Um-
weltleitlinien zu verfahren <u>wie</u> wir selbst.** 我々と同じ環境保全の考え
方に従って，行動するよう，弊社は契約会社に働きかけます．

**Zur Erziehlung der <u>gleichen</u> Kohlenstoffgehalte <u>wie</u> bei dem Sauer-
stoffaufblasverfahren muss nach dem Blasende noch eine Minute
lang gerührt werden.** 酸素上吹き法と同等の炭素含有量を得るには，吹
錬終了後になお1分間攪拌する必要がある．

2）so ～ wie ～ の用例

**~, dass die Breite des Einfüllstutzens mindestens anderthalbmal <u>so</u>
groß <u>wie</u> dessen Tiefe ist.** 充填コネクションの幅は，少なくとも，その奥
行の 1.5 倍ある．

dreimal <u>so</u>viel Sauerstoff <u>wie</u> im Luft 空気中よりも 3 倍の量の酸素を～.
この文例では，Sauerstoff は soviel の次に位置している．

Der gegenüber der Kolonne K1 nur halb <u>so</u> große Volumenstrom. 塔
K1 に比べて半分のみの量の体積流量比. wie を省略した形と考えられる（＝
Der Volumenstrom ist nur halb <u>so</u> groß <u>wie</u> in der Kolonne K1）.

5-4 je ～（副詞と従属接続詞として）の用法

1）副詞の je

**<u>Je</u> nach Standort bringt die Kokstrockenkühlung hohe wirtshaftliche
Belastungen mit sich.** コークス乾式冷却は，その立地条件により，高い
経済的な負担を，必然的に伴う場合もある．ここの mit sich は，伴なうのニュ
アンスである．

**<u>Je</u> nachdem, ob mehr Wert auf gratfreies Stanzen gelegt wird, ist die
höhere Härte zu wählen.** ばりのない打ち抜きということに重点が置かれ
ているか否かにより，より高い硬さを選択すべきである．

2）従属接続詞の je（比較級とともに）

**<u>Je</u> höher in Alphabet der Zusatzbuchstabe ist, um so anspruchsvoller
die Prüfungen an das Öl.** 付加されているアルファッベトは，それが大きく
なればなるほど，その油のテストに対する要求度が高くなることを意味してい
る．

5-5　nicht ～, sondern ～；nicht nur ～, sondern（auch）～

Allerdings hat es sich gezeigt, dass, je größer und empfindlicher die Solarmodule werden, sich die Montage desto schwieriger durchführen lässt.　ソーラーモジュールが，より大きくまた敏感になればなるほど，その取り付け作業は，いずれにしても，より難しいものとなるということが，明らかになった．この文例は，dass 文がやや複雑であるが，werden を使った je ～ の文と，sich ～ desto ～ lässt の文で構成されていること，および語順に注意して訳すとよい．なお，sich は，副文では，従属接続詞である dass のすぐ後ろにくるが，ここでは je ～ の文が sich の前に入ったと考えればわかりやすい（清野智昭，中級ドイツ語のしくみ，白水社，p.235）.

5-5　nicht ～, sondern ～；nicht nur ～, sondern（auch）～

これらの形は，文法書でもよく述べられていてなじみがあるが，名詞単独のみならず文章・フレーズもたびたび間に挟まれた形で用いられるので慣れておきたい．その際，語順も間違えやすく，注意しなければならない．

1）nicht ～, sondern ～

Das ist kein rein deutsches, sondern ein internationales Problem.　それは純粋にドイツと言うことではなく，国際的な問題である．（名詞の例）

Abgase verliessen den Ofen nicht durch den Abgsaskanal, sondern durch die Lücken neben den Brammen.　排ガスが，炉の排ガス導管ではなくスラブの隙間を通って，炉から出ていった．（副詞句の例）

Sie erfolgt nicht automatisch, sondern wird vom Leitstandpersonal vorgenommen.　それは自動ではなく，操作台のオペレーターによって行われる．sondern は，並列の接続詞なので，wird が，すぐ続く語順になっている．もちろん，wird の前には，Sie が略されている．（副詞，副詞句の例）

Beifahrer, welche nicht in der nomalen Sitzposition sich befinden, sondern in einer anderen Stellung.　同乗者は，通常の座席位置ではなく，ほかの座席位置に座っている．この文章では，sich の位置が，welche の後ではなく，befinden の前にきていることに注意したい．（副詞句の例）

nicht ～, sondern ～ の構文は，entweder ～ oder と一緒に用いることもあり，次のような語順となる．nicht A, sondern entweder B oder C　A ではなく，B または C である．

153

5. 接続詞 (Konjunktion)

2) nicht nur ~, sondern (auch) ~

Die Merkmale haben <u>nicht nur</u> den Walzenverbrauch ungünstig be-einflusst, <u>sondern</u> führten zur Beeinträchtigung der Oberfläche. その特性は，ロール使用量に悪影響を与えただけではなく，表面損傷の原因ともなった．

Dabei wird so viel Elektroenergie erzeugt, dass <u>nicht nur</u> der Werks-bedarf gedeckt, <u>sondern</u> zusätzlich eine Sauerstoffanlage versorgt werden kann. 電気エネルギーが非常に多く造られるので，工場の需要を賄うのみならず，加えて酸素プラントへの供給も可能となっている．

5-6 ohne ~（接続詞としての）の用法

接続詞としての ohne は，zu を持つ不定詞または dass 文とともに使われる．

Die Mäuse bilden Antikörper, <u>ohne</u> selbst krank zu werden. それらのマウスは，自身が病気にかかることはなく，抗体を形成する．

~, <u>ohne</u> dass es zu einem schweren Sauerstoffmangel kommt いわゆる酸素が極端に欠乏した状態になることなく

~, <u>ohne</u> dass der Kran benötigt wird. クレーンを必要とせずに

~, <u>ohne</u> den Kostenvergleich zuungunsten des Hybridsystems zu beeinflussen コスト比較でハイブリッドシステムに不利となるように影響することなく，~ ここの beeinflussen は，4 格支配であるが，「コスト比較に」，または「コスト比較で」と訳すとわかりやすい．

~, <u>ohne</u> sich ströend auf den Zeichenprozess auszuwirken. 製図作業工程に悪影響を与えることなく~．この文のように，再帰動詞とともに用いられることも多く，語順に注意したい．sich は，ohne（従属接続詞）のすぐ後ろに置かれる．（清野智昭：中級ドイツ語のしくみ，白水社，p.235）

~, <u>ohne</u> eine teure Infrastruktur aufbauen zu müssen. いわゆる高コストのインフラの構築を必要とせずに．本文は，助動詞とともに用いた例である．

~, <u>ohne</u> von Käfern gefressen zu werden. 甲虫によって食べられることなく．この文では，受身とともに用いられている．

5-7 so ~, dass ~ の用法

so ~, dass ~ は，広く知られた用法で，so dass ~ が，「その結果~」という意味で使われるのに対し，「~となる，そのように~」という意味を表わしている．

5-9 sowohl ～ als auch ～ の用法

Es wird hier versucht, den Komplex <u>so</u> zu analysieren, <u>dass</u> die Entscheidung erleichtert wird. 決定が簡単になるように，その錯体を分析する研究を行なう.

Wird das System <u>so</u> eingestellt, <u>dass</u> die Temperatur kleiner als die Reaktortemperatur ist, so wird Wasser aus dem Reaktor ausgenommen. その温度が反応容器の温度よりも低くなるようにシステムを調整すると，反応容器から，水が流れ出るようになる（排出される）. この文は，分詞構文となっている.

5-8 solange ～（従属的接続詞および副詞として）の用法

solange には，「～する間は，～」「～する限りは，～」の従属的接続詞と，「その間中，そこまで」の副詞としての用法がある. 副詞の場合には，so lange と離すのが正しい. soweit も同様に使われる.

1)「～する間は，～」「～する限りは，～」の従属的接続詞としての用法
Die Menge der einzelnen Komponenten kann variieren, <u>solange</u> kein negativer Effekt auf das Wachstum vorliegt. 成長に対して，マイナスの影響がない限り，個々の成分量を変更することは可能である.

2)「その間中，そこまで」の副詞としての用法
Diese Schrittfolge wird <u>so lange</u> ausgeführt, bis das Optimum für den Betrieb gefunden wurde. 運転の最適条件が見つかるまで，この手順に従って実行する.

Ziehen Sie den Balken <u>so lange</u> nach unten, bis das gewünschte Wort erscheint. 探している言葉が現れる（そこ）まで，バーを下に向かって引下げてください.

Das Endprodukt wird <u>so weit</u> verdünnt, dass es eine anwenderfreundliche Viskosität von 8 bis 13 Pas hat. 最終製品の希釈は，使用者が扱いやすい 8～13Pas の粘度となるまで（継続して）行なう.

5-9 sowohl ～ als auch ～ の用法

別項 5-5 nicht ～, sondern ～；nicht nur ～, sondern （auch）～ と同様，名詞単独のみならず，文章・修飾句も挟まれるので慣れたい.

155

5. 接続詞 (Konjunktion)

Die Konstruktion ermöglicht <u>sowohl</u> das Zerreissen der Prüflinge <u>als auch</u> schwingende Prüfungen mit Frequenzen bis 20 Hz. この構造を適用することで，テストピースの引裂きテストも，20 Hz 以下の周波数による振動テストも可能となる.（名詞もしくは修飾句の例）

~ <u>sowohl</u> servohydraulische <u>als auch</u> servopneumatische Anlagen サーボハイドロおよびサーボ圧空プラント（形容詞＋名詞の例）

Temperaturprofile <u>sowohl</u> des Bandes im Auslauf der Fertigstraße <u>als auch</u> nach Durchlaufen der Kühlstrecke 仕上げラインの出口のストリップ（帯鋼）と，冷却ラインを通ってきたストリップの温度経過（修飾句の例）

さらに，三つの項目を並列する場合の表現法として，sowohl ～ als auch ～ に sowie を加えた次のような文も使われる.

<u>Sowohl</u> über A <u>als auch</u> über B <u>sowie</u> über C wurden aufgezeigt. A および B，さらに C についても示された.

5-10 zumal ～（従属接続詞として）の用法

従属接続詞としての zumal は，「（だけに）になおさらのこと」の意味で以下のように使われる. なお，副詞としては，「特に，とりわけ」の意味で用いられる.

Dazu zählen weitere Bemühungen um Produkutivitätssteigerungen, <u>zumal</u> die Erträge unter Erlösdruck leider schrumpfen. 売り上げ圧力の下で，収益が縮小しているだけに，なおさらのこと，生産性の向上に関してさらなる努力が望まれている.

5-11 weder ～, noch ～ の用法

副詞的接続詞であり，「～でもなく～でもない」の意味で用いられる.

~, bei dem es <u>weder</u> erforderlich ist, eine Einzelbearbeitung jedes einzelnen Werkstücks vorzunehmen, <u>noch</u> der Kaltumformung weitere Arbeitsschritte nachfolgen zu lassen. ここでは，個々の工作物の加工を行なうことも，冷間加工の後にさらに加工プロセスを付加することも（さらなる加工プロセスを冷間加工のあとに持ってこさせることも）必要がない.

Die Anlage muss vor Inbetriebnahme <u>weder</u> abgeglichen <u>noch</u> optimiert werden. 運転開始前に，その設備の調整も，最適化する必要もない.

weder ～ noch と dass 文を組み合わせたやや複雑な次のような文もある.

<u>Weder</u> anzunehmen ist, dass ～A～, <u>noch</u> davon auszugehen ist, dass

～B～. A が想定されることはなく（A を受け入れるべきでもなく，A を仮定すべきでもなく），また，B を前提とすべきでもない．

6. 有用なフレーズ・表現

既述の例文と若干の重複はあるが，独和，和独，作文等々において，有用と思われる表現を二，三まとめてみた．

6-1　Es gibt ～ の文

この文章は，よく知られたものであるが，次のような例もある．

Es gibt genug zu tun für die Unternehmen.　その企業にとって，すべきことはたくさんある．4 格の名詞そのものではない例である．

Dieses Coupē, das es auch als 3Liter- Auto gibt.　このクーペは，3 リットルクラスの自動車でもある（このクーペは，3 リットルクラスの自動車としても存在する）．

6-2　Es handelt sich um etwasおよびEs geht um etwasの文

両者とも，「あることが扱われている，あることが問題・重要である」などの意味であるが，特許，技術論文などで，よく使われる表現で，非人称動詞の例である．どちらかと言えば，Es handelt sich um etwas. のほうが，より丁寧な表現である．

Bei diesem Beitrag handelt sich um einen geringfügig überverarbeiteten Vortrag.　この稿は，講演資料にわずかに加筆訂正したものである．

Dabei geht es darum, den Naturschutz und die Bedürfnise der Menschen auf einen Nenner zu bringen.　自然保護と人間の欲求との間で，共通点を見つけ出すことが，ここでは重要である．

6-3　Faktor，Vielfaches を使った als を含む比較構文

通常の比較構文以外で，最近よく使われている比較構文には，als とともに，Faktor，Vielfaches を使ったものがあるので以下に示す．

Die Produutivität ist in komplexen Medien um einen Faktor von drei höher als in halbsynthetischen Medien.　錯体媒体での生産性は，半合成媒体におけるよりも 3 倍のファクターで高い．なお，in komplexen Medien は，ist の前よりも，この um の前の位置に置くことが多い．

Die Walzenstandzeiten sind für A um ein Vielfaches höher als für B.　A を圧延したときのロール寿命は，B に対するときの何倍も長い．この例文の

für A も，上の例文の場合と同じく，位置決めされている.

6-4 ～ führen zu etwas ⁽³⁾

「結果として～ということになる，～を引き起こす」という意味合いであるが，技術文ではよく使われている.

～, dass durch den Tidenhub sich verändernde Wasserstände nicht dazu führen, dass Luft in die Kammer eindringen kann. 潮の干満の差による水位の変化によって，（結果として）空気がチャンバー内に浸入することはないこと.

Die starke Kühlung an den Düsen führt zu einer Teilverstopfung der Düsen. ノズルを強冷却すると，（結果として）ノズルの部分的な詰まりが生じる.

6-5 zur Verfügung stellen, zur Verfügung stehen

「提供している・用立てる」「提供されている・自由に使える」という意味合いである.若干なじみにくいが，よく使われるので，慣れたい.

1）zur Verfügung stellen（提供している，用立てる）の用例

Das Unternehmen stellt seine freien Kapazitäten externen Unternehmen zur Verfügung. その企業は，その余剰能力を外部の企業に提供している.

Wir stellen den Verbrauchern die biligere Butter zur Verfügung. 消費者の皆様に，より安いバターをご提供しています.

2）zur Verfügung stehen（提供されている，自由に使える）の用例

Die biligere Butter steht den Verbrauchern zur Verfügung. 消費者の皆様には，より安いバターが提供されています.

Der Dosierkopf steht Ihnen in vershiedenen Wekstoffen zur Verfügung. その計量ヘッドはいくつかの材料に対して使用可能です（お使いになれます）.なお，文中の vershieden は，複数名詞の前に置かれているときには，「いくつかの」と訳したほうが，適切な場合がある.

für die Aufheizung zur Verfügung stehende Zeit 加熱に使われている時間

Von der Planung über die Optimierung bis zur Wartung Ihrer Anlagen

6. 有用なフレーズ・表現

steht unser praxiserprobtes Personal **zu Ihrer Verfügung.**　御社の設備の設計から最適化，さらに保全まで，経験豊富な弊社社員がお手伝い致します．

Wir <u>stehen</u> **Ihnen gerne** <u>zur Verfügung,</u> **um bei der Auswahl des richtigen Zubehörs behilflich zu sein.**　アクセサリー（付属品）を適切にお選びいただけるよう，喜んでお手伝い致します．

6-6 Wieviel von welchen Verbindungen nehmen die Bäume aus der Luft auf ?

木々は空気中からどのような化合物をどれくらい吸収しているのか？

化学関係の文で，時々見かけるフレーズであるが，応用が効き，また，発音上もリズムのよい文である．

6-7 短いフレーズ表現

短いが技術関係文で有用な表現としては，冠詞を除くアルファベット順に以下のようなものがある．前置詞に注意して，活用したい．

allein damit　それだけで

als Ersatz dafür　その代替として

als verdichtete Daten　圧縮データとして

am Standort Deutschland　ドイツ国内立地で・の

an sich schon　それ自体すでに

auf die eine order andere Art　どちらかの方法で

auf dem schnellsten Weg zum Ziel　その目的（の場所）への最速のルートで

auf welchem Weg und in welcher Anzahl　どのようなやり方で，またどのくらいの量で

aus ökologischen Überlegungen heraus　エコロジー的に十分考慮した観点から

beiderseitig innen und außen　内外両側で（内外両側面で）

bei längerem Stehen　長く放置しておくと・長く置いておく場合には

bei Maßstabsvergrößerung　スケールアップした場合の

bei niedrigen bis mittleren Anteilen　低割合から中程度割合までで，までに

bei einer sehr geringen Sauerstoffverfügbarkeit　酸素が欠乏した状態で，

6-7 短いフレーズ表現

類 unter Sauerstoffmangelbedingungen

die dafür guten Beispiele そのことに関する良い例

die dafür vorgesehenen Grenzwerte そのことをあらかじめ想定した限界値

die daraus bestehenden Werkstoffe それから成っている材料

die daraus resultierende Ermündung その結果として生じる疲労

darüber hinausgehend それを超える〜

Daten in der erforderlichen Qualität und Menge 必要とされる質と量を備えたデータ

Einrichtung kleiner bis mittlerer Größe 小〜中規模の設備

erst zu einem späteren Zeitpunkt より遅い時点になって初めて

Es lässt viel zu wünschen übrig. 要望したいことが多いにある

der 1.5fache Durchmesser 1.5 倍の直径

für den Stand 2019 2019 年現在

ganz oben auf der Wunschliste 希望リストの断然上位に

Eine genaue Beschreibung der Methoden ist in（A）nachzulesen. 方法の正確な記述については，A を参照のこと.

gleich oder besser 同等もしくはより良く

Heizwert ab 8MJ aufwärts bis hin zu 20MJ 8MJ 以上 20MJ 以下の発熱量

hinten unter der Tafel 天板下奥に，**関** unter der Tafel 天板裏に

Im Anschluß an die Fachsitzungen 専門分野会議に引き続いて

im Internet unter folgender Adresse インターネットの以下のアドレスで

im letzten Jahrhundert 先の世紀に

immer noch 今なお

im Nanometer-Maßstab ナノメーターサイズで，の

im technischen Einsatz パイロット規模で〜

im Vergleich dazu 〜との比較で

im Zuge der Umstellung 転換の途中で

in den ersten 5 bis 10 Jahren 最初の 5 年から 10 年に

in für die Analyse ausreichend großen Mengen 分析するのには十分に多い量の，で

in gleicher Größenordnung 同様のディメンジョンオーダーで

in Transportrichtung gesehen 搬送方向を見て

in unregelmäßigen Abständen 不規則な間隔で

6. 有用なフレーズ・表現

in wechselnden Breiten 色々調節可能な幅の・で

in zufälliger Anordnung ランダムな配置に

Kosten für ～ ～のコスト

mit annähernd gleicher Tendenz ほぼ同様の傾向の～ （ほぼ同様の傾向のある～）

mit Ausnahme von etwas [3] ～を除いて

mit Blick auf Zielerfüllung der Aufgaben その課題の目標を達成するという観点で

mit fortschreitender Dauer だんだん進むにつれて

mit dem geringen Platzbedarf 省スペース型の（わずかなスペースしか必要としない）

mit geringsten Metallgehalten 非常にわずかな金属含有量の；rein mit geringsten Metallgehalten 非常にわずかな金属含有量で高純度の（金属含有量が非常にわずかで高純度の）

mit kleiner werdender Porengröße 気孔の大きさがより小さくなるとともに

mit steigender Gießgeschwindigkeit 鋳造速度が上がるとともに

die nach oben gerichtete Tendenz 上向きの傾向，類 Aufwärtstendenz 女

das nach unten offene Profil 下に向かって開いている形状

nicht umsonst それなりの理由があって～

nicht unbedingt 必ずしも

nicht wenig 少なからず

noch längst nicht まだなかなか～でない

nur bedingt 条件付でのみ

ob und im welchem Maße ～かどうか，またどの程度～

örtlich und zeitlich 場所と時間により

per gefahrenem Kilometer 走行キロメートル当たり

die PTB-geprüften Rollen PTB（連邦物理技術試験所）によってテスト済みのロール（キャスター）

～ sein allen gemein 全てに共通している

stellvertretend für die Verbesserung 代表的な改善点として

über kurz oder lang 遅かれ早かれ

unter Ausschluss vom Luftsauerstoff 空気中の酸素を遮断した状態で，類 unter Sauerstoffausschluss

6-7 短いフレーズ表現

unter Bedingungen, bei denen die gewünsche L-Aminosäure angereichert wird. 所望の L- アミノ酸が富化される条件下で

unter order wenig über 以下またはほとんど超えない

unter Sauerstoffausschluss 酸素を遮断した状態で，[類] unter Ausschluss vom Luftsauerstoff

unter Sauerstoffmangelbedingungen 酸素が欠乏した状態で，[類] bei einer sehr geringen Sauerstoffverfügbarkeit

unter welchen Bedingungen どんな条件下でも

die Verbindung in einer Konzentration von bis zu 0.5mM 0.5 ミリモル以下の濃度の化合物

Vom technologischen Schwerpunkt her gesehen, 技術的に重要な点から見て

Von den Kosten insgesamt betreffen ～ コスト全体の中で，～は，～を占める

von 98% und höher 98% 以上の

von vorne, von hinten 前から，後ろから

Die wenigstens eine Drehachse der wenigstens einen Drückwalze その少なくとも一つの圧下ロールの，その少なくとも一つの回転軸（die eine ～ の用法）

wie gewünscht 望みどおりに

wie in den vergangenen Jahren 例年どおりに

wie zuvor 前のように

zu Ihrer Kenttnisnahme ご参考までに

zuletzt genannt 言わずもがな

zum richtigen Zeitpunkt und in genau abgestimmten Mengen 適切なタイミングで正確に調整した量で（の）

zusammengestellt darstellen まとめて示す

zu über 80% 80 パーセント以上（で，だけ）

7. カタログで多用される表現

　カタログなどの説明で多用される表現をまとめた．定型表現も多いので慣れていただきたい．

7-1 記載内容変更の可能性について

Änderungen, die dem technischen Fortschritt dienen, vorbehalten.
技術的な進歩に伴う変更は，留保します．

Änderungen von Bauteilen, die die Funktion nicht beeinflussen, behalten wir uns vor. 機能に影響を与えない部品の変更については，留保します．

Technische Änderungen im Sinne einer Produktverbesserung vorbehalten. 製品の改良に伴う技術的な変更は，留保します．

7-2 契約・版権・著作権

1）コピーの是非

Für nichtgewerbliche Zwecke sind Vervielfältigung und unentgeltliche Verbreitung mit Quellengabe gestattet. 非営利を目的にした場合に限り，出典を明らかにすることで，コピーと無償配布を許可する．

2）版権・著作権

Alle übrigen Rechte bleiben vorbehalten. ⑳ All rights reserved. copyright これは，最もポピュラーな文で，「全ての著作権を留保します」，の意味である．著作権を表示する場合に © ＋出版社名のみということも多い．以下のような表示の仕方もある．

© 1998 A Verlag, Berlin

Das Werk und seine Teile sind urheberrechtlich geschützt. Jede Verwertung in anderen als den gesetzlich zugelassenen Fällen bedarf deshalb der vorherigen schriftlichen Einwilligung des Verlages.

© マル c マーク（著作権保護）1998，A 出版社，ベルリン

　本著作物全部およびその一部（構成部位）については，著作権法により保護されています．それゆえ，法律上許される例外的な場合を除き，転用もしくは利用する場合には，必ず出版社の許可・同意を文書で事前にとることが必要です．

7-3 広告・宣伝のフレーズ

広告・宣伝でよく出てくるフレーズには，以下のようなものがある．

Die Anlage muss vor Inbetriebnahme weder abgeglichen noch optimiert werden.　弊社の装置は，稼動前に調整もしくは，最適化する必要はありません．

Die Anlage wird steckerfertig zum direkten Anschluss an das Netzwerk geliefert.　弊社の装置は，ネットワークに直接接続できるよう，プラグイン可能な形式で，納入させていただきます．

Der Austauscher im Angebot der A　A 社製の（熱）交換器

Bei uns hat es sich die Abteilung A zur Aufgabe gemacht, die ökologische Verträglichkeit zu verbessern.　弊社では，A 課が環境との調和の改善に取り組むことを課題にしてきました．

Das vereint hohen Anschlusskomfort.　接続性が優れています．

Diese stehen zur Auswahl.　それらは，自由に選択いただけます．

Der Dosierkopf steht Ihnen in vershiedenen Werkstoffen zur Verfügung.　その計量ヘッドはいくつかの材料に対して使用可能です（お使いになれます）．

Das Gerät besticht durch geringen Wartungsaufwand.　この装置の保守費用の少なさに魅了されるでしょう．

, um Ihnen individuelle Lösungen anzubieten　御社に個別に適合した独自のソリューションを提供させていただくために

, um in breiten Gesamtlösungsspektren die günstigste Lösung zu finden　幅広いトータルソリューションの中から最適なものを見つけるために

Wir liefern in kürzester Frist.　最短時間で納品致します．

Wir planen für Sie eine auf Ihren Bedarf zugeschnittene Lösung　御社のご要望に沿ったソリューションをご用意致します．

Wir stehen Ihnen gerne zur Verfügung, um bei der Auswahl des richtigen Zubehörs behilflich zu sein.　アクセサリー（付属品）を適切にお選びいただけるよう，喜んでお手伝い致します．

Wir stellen den Verbrauchern die biligere Butter zur Verfügung.　消費者の皆様に，より安いバターをご提供しています．

Wir weisen einen über dem Durchschnitt liegenden Stand an Energiesparmaßnahmen auf.　弊社の省エネルギーの水準は，平均を超えています．

7. カタログで多用される表現

Wir wollen dort sein, wo unsere Kunden sind. 弊社は，お客様のいらっしゃるところにいたいのです（弊社は，お客様の側に立って物事を考えています）.

7-4 装備・性能・製品範囲

1）装備関連

Die Pumpe ist in Standardausrüstung mit einem Motor ausgerüstet. そのポンプには，標準装備で，モータが取り付けられている.

2）性能関連

Bei davon abweichenden Betriebsdrücken kann eine Sonderversion angeboten werden. 弊社は，そこからは離れた運転圧力範囲で，特別バージョンを提供することができます.

Die Förderung ist erst ab einer Mindestmenge von 600kg Kohle pro t Staub möglich. 最少供給量は，塵芥１トン当たり石炭 600kg です.

Die Förderleistung ist über die Hublänge mittels selbstarretierendem Drehkopf in 1% Schritt einstellbar. 吐出量は，自動ロック式回転ヘッドを用いることにより，ストローク全体にわたって，1% ごとに調整できるようになっている.

Der Lieferungsbereich erstreckt sich von 17- 144 l/hr bei einem Gegendruck von 4-12 bar. その供給能力は，4〜12 bar の吐出圧で，17〜144 l/hr の範囲にある.

Wir bieten Ihnen einen bequemen Zugriff auf das umfangreiche Datenmaterial. 広範囲なデータへ，容易にアクセスできるようになっています.

3）製品範囲

Das gehört zur Standardausrüstung. それは，標準装備に含まれています.

Das gesamte Dienstleistungsangebot umfasst 〜 サービス全体の中には，〜が含まれています.

Im Lieferumfang enthalten A und B. ＡとＢは，納品可能範囲内に含まれています.

Sie sind in Lieferumfang enthalten. それらは，納品可能範囲内に含まれています.

166

7-5 代理店，コンタクト先，問い合わせ先，情報入手関連

Wir bieten eine Besonderheit auf dem Gebiet von Filteranlagen an.
弊社は，フィルター装置の分野で，独自性を発揮しています．

4）取り扱い説明

Kapital 3 macht Sie mit der Benutzeroberfläche vertraut. 3章をお読みいただけますと，ユーザーウインドウの使い方がわかります．

Kapital 5 soll Sie in die Lage versetzen, sich diese Software für Sie nutzbar zu machen. 5章をお読みいただけますと，このソフトウエアを便利に使いこなすことができるようになります．

7-5 代理店，コンタクト先，問い合わせ先，情報入手関連

1）代理店

A wird vertreten durch B. 弊社 A の代理店は，B です．

In über 170 Ländern der Erde ist A präsent, mit einem dichten Netz von Verkaufsbüros und Servicestützpunkten. 世界の170か国を超える国々で，弊社 A は，緊密な販売店とサービスサポート拠点網を展開しています．

2）コンタクト先，問い合わせ先，情報入手関連

Details zu A entnehmen Sie bitte unserem Katalog. Aの詳細については，弊社のカタログをご覧ください．

Sie haben einen direkten Zugriff zu Produkt und Service. 製品とサービスへ直接アクセスすることが可能です．

Sollten Sie zwischenzeitlich Rückfragen haben, wenden Sie sich bitte an einen unseren Projektingenieur hier im Haus. ご質問がある場合には，弊社内のプロジェクトエンジニアにお願い致します．

Sollten trotz aller Sorgfalt Probleme auftreten, wenden Sie sich an den Ingenieur. 注意をしても，問題が生じた場合には，エンジニアにコンタクトしてください．

Unsere Kunden im Ausland bitten wir, sich in allen Reparaturfragen an die Generalvertretung ihres Landes zu wenden. 外国にお住まいの弊社のお客様には，修理に関するお問い合わせは，全てお住まいの国の総代理店にされますよう，お願い致します．

7. カタログで多用される表現

Wir überweisen diesbezügliche Anfragen an die dafür zuständige Vertragswerkstatt.　このことに関するお問い合わせは，その担当の契約修理工場よりお答え致します.

7-6　注文・引き取り・クレーム・価格

1）注文表現

Bei Bestellung von Ersatzteilen sind unsere Bestellformulare zu verwenden.　スペアーのご注文の際には，弊社の注文フォームをお使いください.

Der Vertrag kommt durch schriftliche Bestätigung des Augtrags zustande.　契約は，注文の書面による確認をもって，有効になります.

2）引き取り

Bei Selbstabholungen sind Beanstandungen nur bei Übernahme der Ware möglich.　ご自分で引き取られる場合には，クレームは，品物のお引取りのときに，お申し出ください.

3）クレーム

Beanstandungen, die innerhalb 8 Tagen, von Empfang der Sendung ab, gerechnet, eingereichnet werden müssen.　クレームは，荷物をお受け取りになってから 8 日以内に，必ずお申し出ください.

Die Gefahr des zufälligen Unterganges geht auf den Käufer über, sobald wir den Kaufgegenstand zum Versand gegeben haben.　お客様ご購入の品を弊社が発送した後に偶然生じた沈没などの危難・事故については，お客様のご負担となります（当方では負いかねます）.

Sie erhalten ein 14 Tage Widerrufsrecht gemäß der gesetzlichen Regelung.　法律に従って 14 日間のクーリングオフの権利があります.

4）価格

Die Preise verstehen sich freibleibend ab unserem Werk.　価格は，弊社工場渡し価格です.

Sie erhalten eine Rechnung mit ausgewiesener MwSt.　受け取られる請

求書（勘定書）には，明示された付加価値税が含まれています．

7-7 P/L（製造物責任）表現

カタログには，必ずといってもいいほど記載されているものであるが，いくつか
その例を挙げる．

**Die angegebenen Daten in diesem Katalog dienen allein der Produkt-
beschreibung und sind nicht als zugesicherte Eigenschaften im
Rechtssinne aufzufassen. Etwaige Rechtsansprüche sind ausge-
schlossen.** 本カタログ中に記載されたデータは，製品説明のみを目的にした
もので，法的な意味での製品の性質・品質を保障するものではありません．
よって，万一にも法的な要求をお受けすることはできません．

**Da die Resistenz der Materiarien von anderen Faktoren abhängt, soll
diese Liste lediglich eine erste Orientierungshilfe sein, aus der je-
doch keine Gewährleistungsansprüche abgeleitet werden können.**
本リストは，単にいわゆる最初の材料性能紹介の手助けとなるようにとつくら
れたものであって，この材料の抵抗性については，本リストに記載のもの以外
の，ほかのいくつかの因子にも左右されることから，本リストを基に，材料性
能に関する補償を請求することはできません．

なお，文末の werden können は，いわゆる二重不定詞となっている．また，文
中の soll は，話者・書き手の意思を表している．

**Diese Erläuterungen sind nicht im Sinne von zugesicherten Eigen-
schaften oder technischen Daten zu verstehen.** このカタログ中の説
明には，製品の品質を保証する，または技術的なデータとしての意味合いは
ありません．

**Die in dieser Broschüre enthalteten Angaben und Informationen ha-
ben wir nach Wissen und Gewissen zusammengestellt. Jedoch
können wir für ihre Richtigkeit, insbesondere im Hinblick auf even-
tuelle Druckfehler, keine Gewähr übernehmen.** このカタログ中の記載
事項と情報につきましては，誠心誠意気を付けてまとめております．しかしな
がら特に偶然発生した印刷上のミスなどによる正確性につきましては，それに
関する補償請求をお受けすることはできません．

8. 論文投稿要領で使われる表現

Auf jede Tabelle muss im Text Bezug genommen werden. 原稿の作成にあたっては，それぞれの表との関連づけに注意すること（それぞれの表と関連づけること）．

Hinweise auf Literaturzitate sollen durch Namen mit Erscheinungsjahr gegeben werden. 引用文献の表示の際には，発行年とともに，著者名を記すこととします．

Manuskripte, die auf sechs Seiten untergebracht werden können. 6ページに収まる原稿量．

Die Manuskripte sollen in Maschinenschrift mit doppeltem Zeilenabstand geschrieben werden. 原稿は，タイプを使い，ダブルスペースで作成することとします．

Tabellen sollen in der Reihenfolge ihres Auftretens im Text mit arabischen Ziffern numeriert werden. 表のナンバリングは，テキストに載せる順番に，アラビア数字を使って行なうこととします．

Die Überschrift, die mit der Bezeichnung 'A' beginn, ist 〜. Aという記号・名称で始まるタイトルは，〜.

9. 論文の文末などでの謝辞の表現

1）danken を使用した表現

Die Autoren <u>danken</u> dem Staatsministerium für die finanzielle Unterstützung der Forschungsarbeiten. 研究の遂行にあたって，資金的にご援助いただきましたことに関し，著者一同，州務省（当該省庁）に対しまして，感謝申し上げます．

Für die Zusammenarbeit sei den Firmen A und B besonders <u>gedankt</u>. 共同研究をしていただきました A 社と B 社に心より感謝申し上げます．この文例では，接続法Ⅰ式が使われている．

2）dankenswerterweise を使用した表現

Diese Arbeiten wurden <u>dankenswerterweise</u> von der Deutschen Forschungs-gemeinshaft（DFG）gefördert. これらの研究は，ドイツ学術振興会（DFG）の助成により，行なわれました，ここに感謝申し上げます．

3）gelten を使用した表現

Besonderer Dank <u>gilt</u> Herrn A für viele wertvolle Hinweise und Diskussionen bei der Erstellung des Berichtes. 報告の作成にあたり，多くの貴重なご示唆とディスカッションをしていただきましたことに関しまして，A 氏に心より感謝申し上げます．

4）資金補助，助成などが，あったことを記した文例

Die Arbeiten wurden von der A-Stiftung im Programm B finaziert. 本研究は，プログラム B につきまして，A 基金（財団）から，資金的な助成をいただきました．

Diese Arbeit wurde mit Mitteln der Deutschen Bundesstiftung Umwelt gefördert. この研究は，ドイツ連邦環境基金（財団）の助成により，行なわれました．

10. 会社の出張精算要領などで使われる表現

Bei Benutzung von Kraftfahrzeugen werden EURO1.40 pro km zuzüglich MWS in Rechnung gestellt. 自動車を使用する場合には，1キロメートル当たり1.40 € に，付加価値税額を加えた額を精算する．

Für erforderliche Telefongespräche werden die Kosten in Höhe der Barauslagen berechnet. 業務上必要な電話料金については，立替払いし，後日その額を精算する．

11. 図表・グラフ・数式などで使用される表現

11. 図表・グラフ・数式などで使用される表現

　当然のことながら，グラフ・数式・数量の関係は，技術関連文，特許，統計資料などを解釈するうえで，重要であるので，ここに関連の表現および関連話をまとめてみた．

1）図表・グラフ

Die Balken zeigen die Änderung. 　その棒グラフで変化がわかる．

Bild 5 zeigt den zeitlichen Verlauf der Messwerte. 　図5に測定値の時間的な経過を示す．

~, dass die Kennlinie im zweiten Bereich alternativ als Geradenabschnitt mit positiver Steigung ausgeführt wird. 　第2領域の特性曲線は，直線線分のもう一つの選択肢として，プラスの勾配をつけて，描かれていること．

~, dass die Kennlinie in einem zweiten Bereich als abszissenparalleler Geradeabschnitt ausgeführt wird. 　第2領域の特性曲線は，横座標に平行な直線線分として，描かれていること．

Die durchgehende Linie stellt den linearen Fit dar. 　その直線はリニアーになっている．

Die Ergibnisse sind in Tabelle 3 zusammengefasst dargestellt. 　表3に結果をまとめて示した．

Im oberen Teibild ist die Bandhöhe zu erkennen. 　上の方の部分図から，ベルト（テープ）の高さがわかる．

In der linken Spalte der Tabelle sind die einzelnen Einflussgrößen aufgeführt. 　表の左側の欄には，個々の影響パラメーターを示した．

Konzentrationsangaben sind in Gewichtsprozent angegeben. 　濃度は，重量パーセント表示とした．

〖図表・グラフ関連語〗

　ここでは，124語収録した．

　Abbildung unten links 　左下の図

　Abszisse 囡　横座標，abscissa

　Abszissenachse 囡　横座標軸，axis of abscissa

11. 図表・グラフ・数式などで使用される表現

Abwicklung 女 展開図 developed view

Achsensymmetrie 女 線対称 line symmetry

Ähnlichkeitsgesetz 中 相似則, law of similarity

Angaben Gewichtsprozent 女 複 重量パーセント表示, percent by weight

ANOVA = 英 one way analysis of variance = Einweg-Streuungszerlegung = Einweg-Varianzanalyse 一元配置分散分析法

Ansicht von innen 女 内面図, 関 Ansicht von vorn 女 正面図

Ansicht von vorn 女 正面図, view from front

Anstiegmethode 女 山登り法, climb methode

Asymptote 女 漸近線, asymptote

auf etwas sich einpendeln あちこち振れたあとで～に達する

Ausreißer 男 外れ値（異常値）, outlying observation, outlier

Axialsymmetrie 女 線対称, line symmetry

Balken 男 棒グラフの棒（複数で棒グラフ）, 類 Säule 女

Basis 女 底辺（底）, base

bimodal 並数（なみすう）を二つ持つ～, 英 bimodal

Cochran-Test 男 コクラン検定（分散の外れ値の確認）, Cochran's test

deckungsgleich 合同の, 類 kongruent, congruent

Diagnale 女 対角線, 英 diagnale

Dispersionsmodell 中 分散型モデル, dispersion model

Draufsicht 女 平面図, top view

Ebenefigur 女 平面図形, plane figure

Eckpunkt 男 頂点, top-most vertices, top

Eichkurve 女 較正曲線, calibration curve

einfache Zufallauswahl 女 単純無作為抽出法, simple random selection

elliptisch 楕円形の, elliptical

Entfernung 女 棄却（距離, 除去）, rejection

erfassen 統計的にとらえる（モニターする）, monitor

erfasster Bereich 男 区間変量（カバリッジ）, coverage areas

generalisierte Koordinate 女 一般座標, generalized coordinate

Gerade 女 直線, 類 gerade Linie 女, straight line

Geradeabschnitt 男 直線線分, line segment

gerade Linie 女 直線, 類 Gerade 女, straight line

11. 図表・グラフ・数式などで使用される表現

Geradheitsabweichung 女　真直度，類 Geradlinigkeit 女，straightness

gleichschenkliges Dreieck 中　二等辺三角形，isosceles triangles

Größenangabe in mm 女　mm 表示（サイズ表示）（単位）

Halbierungslinie 女　二等分線，bisectors

hinausschießend　行き過ぎ量の，overshoot

Höhe 女　高さ，height

Interquartilbereich 男　四分位〔しぶんい〕数範囲，inter-quartile range

isometrische Darstellung 女　等大表示，isometric representation

Kalibliergerade 女　較正直線，calibration straight line

Kalotte 女　球欠（球冠），calotte

Kegel 男　円錐，cones

Kegelmantel 男　錐面，envelope of cone

kollinear　同一直線上に，collinear

Komplementwinkel 男　余角，complementary angle

Konfidenzbereich 男　信頼区間，類 Vetrauensbereich 男，英 CI = confidence interval

kongruente Verläufe 男 複　完全に一致している（合同の）経過（グラフなどの）

Konuswinkel 男　円錐角，cone angle

konvergieren　収束する，converge

Koordinate 女　座標，coordinate

Koordinatenachse 女　座標軸，coordinate axis

Korrelation 女　相関性，correlation

Kreisbogen 男　弧，arcs

Kreisdiagramm 中　円グラフ，circle graphs

Kreuzungspunkt 男　交点，crossing point, intersection

Kugel 女　球，spheres

Kurtosis 女　尖度，類 Wörbung 女，kurtosis

Längsachse 女　縦軸，vertical axis

linear　線形の，英 linear

Liniengraph 男　折れ線グラフ，line graph

Maße in mm 中 複　寸法：mm

Maßstab 男　スケール，scale

Menge 女　集合，sets

175

Mittelpunkt 男　中点　middle point

Mittelung 女　平均値を求めること，averaging

Mittelwert der Grundgesamtheit 男　真の平均値，類 wares Mittel 中，true mean

mittlerer Fehler 男　平均誤差，mean error

Normalverteilung 女　正規分布，normal distribution

Ordinate 女　縦座標，ordinate

Ordinateachse 女　縦座標軸，ordinate axis

Ordinatenabschnitt 男　縦座標切片，ordinate intercept

outlying observation 英 外れ値（異常値），Ausreißer 男

Punktsymmetrie 女　点対称，point symmetry

Quadrat 中　正方形，square

Querachse 女　横軸，quardrature axis

Rechteck 中　長方形，rectangle

Säule 女　棒グラフの棒（複数で棒グラフ），類 Balken 男

Säulendiagramm 中　棒グラフ，bar chart

Schätzer 男　推定量，類 Schätzfunktion 女，estimator

Scheitelpunkt 男　頂点，vertex, peak

Schnitt 男　交差（断面図），crossing, intersection

Sehne 女　弦，chords

senkrecht　垂直な，perpendicular

Signifikanzniveau 中　有意水準，significance level

Signifikanzniveau der Differenzen 中　有意差水準，significant difference level

Sinuslineal 中　サインバー，sine bar

Spannweite 女　範囲（レンジ），range

spitzwinkeliges Dreieck 中　鋭角三角形，acute-angled triangle

Standardabweichung 女　標準偏差，英 SD ＝ <u>s</u>tandard <u>d</u>eviation

<u>S</u>tandard<u>f</u>ehler 男　標準誤差，SF，standard error

standardisierte Zufallsvariable 女　標準化確率変数，standardised random variable

Streuung 女　分散（バラつき），類 Varianz 女，Dispersion 女，variance, scattering, dispersion

11. 図表・グラフ・数式などで使用される表現

Streckenabschnitt 男　切片，intercept

stumpfer Winkel 男　鈍角，obtuse angle，obtuse-angle

stumpfwinkliges Dreieck 中　鈍角三角形　obtuse-angled triangle

Supplement 中　補角，supplementary angle

Tangente 女　接線，tangent

transformieren　座標変換する，transform

Trapez 中　台形，英 trapezoid

Umfang 男　円周，circumference

Unsicherheitsabschätzung 女　不確かさの推定，estimation of uncertainty

Variabilität 女　変動性，variability

Variable 女　変数，variable

Variante 女　変体（変形，オータナティブ，バリエーション），variant

Varianz 女　変異（量）（分散），variance

Varietät 女　変種（多様性），variety

Vektor 男　ベクトル，vector

verschieben　ずらす，move, displace；in die Richtung ～　その方向へずらす

Vertrauensbereich 男　信頼区間，類 Konfidenzintervall 中，英 CI = confidence interval

Vertrauensniveau 中　信頼度，類 Sicherheitsschwelle 女，Zuverlässigkeit 女，confidence level

Viereck 中　四角形，quadrilateral

Volumen 中　体積，volume

Winkel 男　角度，angle

Winkelhalbierende 女　角二等分線，bisectors，angle bisector

würfelförmig　立方体の，cubic

X-Achse 女　X 軸，X- axis

Y-Achse 女　Y 軸，Y- axis

zufällig　無作為に（ランダムに），random, at random

Zufallauswahl 女　無作為抽出法，randon sampling

Zuverlässigkeit 女　信頼性（信頼度），reliability

Zylinder 男　円柱，cylinder

177

11. 図表・グラフ・数式などで使用される表現

2）線の種類

ausgezogene Linie 女　実線，類 durchgezogene Linie 女, full line, solid line

durchgehende Linie 女　直線，straight line

durchgezogene Linie 女　実線，類 ausgezogene Linie 女, full line, solid line

Eichkurve 女　較正曲線，calibration curve

gestrichelte Linie 女　破線，類 unterbrochene Linie 女, broken line, short dashes line

Kalibliergerade 女　較正直線，calibration straight line

Kennlinie 女　特性曲線，characteristic curve

Strichpunktlinie 女　一点鎖線，long dashed short dashed line, chain line

unterbrochene Linie 女　破線，類 gestrichelte Linie 女, broken line, short dashes line

die vatikale Linie 女　垂直線，vertical line

3）数式・計算
a）加減乗除関連

$3＋4＝7$；3 und（または plus）4 ist 7.

$4－1＝3$；4 weniger（または minus）1 ist 3.

$5×2＝10$；5 mit 2 multipliziert gibt 10. または，5 mal 2 ist 10.

Die Banddicke d ergibt sich aus der Dicke d' durch Multiplikation mit dem Kosinus α．(d＝d'×cos α)　ストリップ（帯鋼）厚 d は，厚み d' に cos a を掛けることにより得られる．もう一つの言い方としては，d'mit dem Kosinus a multipliziert ergibt d. がある．

Das ergibt mit 100 multipliziert die Feuchte.　それは湿度に 100 を掛けると得られる．

$6÷3＝2$；6 durch 3 dividiert gibt 2. または，6 geteilt durch 3 ist 2.

b）式の説明ほか

Als Ergebnis erhält man den folgenden Ausdruck.　結果として以下の式が得られる．

A sei ein Punkt auf einer Gerade X.　A は直線 X 上の一点とせよ（接続法 I 式が用いられている）．

11. 図表・グラフ・数式などで使用される表現

Dabei kann man H eliminieren und erhält dann eine Beziehung für E.
ここで H が消去でき，E の関係式が得られる．

Damit ergeben sich folgende Werte bei a＝45° それにより，a＝45°
で以下の値が得られる．

Die Formulierung lautet im folgenden. 式は，以下のとおりである

Eine genaue Beschreibung ist in [A] nachzulesen. 正確な内容について
は，A を参照のこと．

Hieraus resultiert der Index in Höhe von ～ そのことから結果として～の
高さの指数が得られる．

5 hoch 2 ist 25. または，Das Quadrat von 5 ist 25. 5^2 は 25 である．

in Gleichung einsetzen 式に代入（投入）する，substitute in the equation

Nach Einsetzen der Werte, ～ 数値の代入（投入）後～，after the values
were substituted

nachfolgend mit A bezeichnet 以下 A とする

R＝Respirationsrate, in der Regel zu R＝1 gesetzt, ～ ここで，吸入
速度 R を通常どおり，1 と置くと，～

Trägt man den Kehrwert gegen ～ auf, so ergibt sich ～ ～に対する逆
数値を用いると，～が得られる．

umgezeichnet nach [19] ［19］式に従って書き換えると，～

die Wurzel aus einer Zahl ziehen ある数の根を求める

c) 数式関連語

この項では，126 語を採り上げた．

A' ＝ A mit Strich A ダッシュ，類 eingestrichenes A，A prime

A" ＝ A mit zwei Strichen A ツーダッシュ，類 zweigestrichenes A，A dou-
ble prime

Absolutwert 男 絶対値，absolute value

addieren 足す，plus；5+7 = 12 → 5 und 7 ist 12

algebraisch 代数学の，algebraic

Aliquote 女 整除数，aliquot part，divisible number，aliquot

Anfangswertproblem 中 初期値問題，initial value problem，関 Rand-
wertaufgabe 女 境界値問題

ansetzen （方程式を）立てる；Gleichung ansetzen；関数を入れる→ dieFun-
kution ansetzen

11. 図表・グラフ・数式などで使用される表現

Apostroph 男　アポストロフィ，apostrophe

arabische Ziffer 女　アラビア数字，Arabic numerals, Arabian figures

arithmetisch　算術の，arithmetical

aufheben　約分する（再 相殺される），類 einrichten，reduce

Auflösung in Faktoren 女　因数分解，類 Faktorenzerlegung 女，factorization

Bestimmungsgröße 女　定数（行列式），類 Determinante 女，determinant

Beziehung 女　関係式，relational expression

Bindestrich 男　ハイフォン（ハイフン），hyphen

Bruch 男　分数，fraction

Differenzial 中　微分，differentiation, differential

differenzieren　微分する，differentiate

Dispersionsterm 男　分散項，dispersion term

dividieren　割る，divide；eineZahl durch eine andere dividieren　ある数をある他の数で割る

Division 女　割り算（除法），division

die dritte Wurzel 女　立方根，cube root, cubic root

Eichkurve 女　較正曲線，calibration curve

Einrichtung 女　約分，類 Aufhebung 女，reduction

eliminieren　消去する，eliminate

ersetzen　代入する，substitute

der erste Term auf der rechten Seite 男　右辺の第 1 項，the first term on the right-hand side

Exponentialfunktion 女　指数関数，exponential function

Faktorenzerlegung 女　因数分解，類 Auflösung in Faktoren 女，Faktorisierung 女，factorization

Faktorisierung 女　因数分解，類 Faktorenzerlegung 女，factorization

Funktion 女　関数，function

die ganze Zahl 女　整数，integral number, integer

Gedankenstrich 男　「－」［ダッシュ（ここで採り上げたダッシュは，A' のダッシュ（prime）ではなく，長いハイフン「－」のダッシュである，英語では，dash を使って，区別している）］

größter gemeinsamer Teiler 男　最大公約数，g.g.T, greatest common

180

11. 図表・グラフ・数式などで使用される表現

divisor

geometrische Reihe 女 等比級数, geometric series

Geradengleichung 女 1次方程式（線形方程式）, linear equation

gerade Zahl 女 偶数, even number

Gleichung 女 等式（方程式）, equation ; eine Gleichung aufstellen 方程式を立てる

Glied 中 項, 類 Term 男, 英 term

Gradiente 女 勾配曲線, gradient

häufigster Wert 男 （統計）最頻値, the most frequent value

Häufigkeit 女 度数, frequency

Hochzahl 女 べき指数, 類 Exponent 男, power exponent

Integrallogarithmus 男 積分対数, integral-logarithm, logarithmic integral

Integration 女 積分, integration

iterativ 反復の, 英 iterative

kanonische Gleichung 女 正準方程式, canonical equation

Kehrwert 男 逆数値, reciprocal

eine Kinetik erster Ordnung 女 1階の動力学, first order kinetics

Klammer 女 括弧, parenthesis

Klammerwert 男 括弧内の値, value in parenthesis

kleinstes gemeinsames Vielfaches 中 最小公倍数, least common multiple, kgV

Kolon 中 コロン, colon

Kombinatorik 女 組み合わせ, combinatrics

Konizitätsgleichung 女 コニシティ式, conicity equation

Korrelation 女 相関, correlation

Kubikwurzel 女 立方根, cube root

Kubikzahl 女 三乗数, cubic number

lineal zu ～ ～に線状比例する, linear to ～

Linearisierung 女 線形化, linearization

die linke Seite der Gleichung 女 方程式の左辺, left side of equation

logarithmische Skala 女 対数目盛, 類 logarithmischer Maßstab 男, logarithmic scale

181

11. 図表・グラフ・数式などで使用される表現

Mantisse 女　仮数（対少数），Man, mantissa

mathematischer Ausdruck 男　式，expression

Matrix 女　行列，matrix

Mediane 女　中間数，mediant, median values

Median 男　（統計の）中央値，median

Mittelung 女　平均値を求めること，averaging

Multiplikation 女　掛け算，multiplication

multiplizieren　掛ける，multiply; eine Zahl mit einer anderen multiplizieren
ある数をある他の数で乗じる

Nenner 男　分母，denominator

Nummerfolge 女　数列，number sequence

Ordnung 女　階；eine Kinetik erster Ordnung 女　1階の動力学，kinetics
of the first order

Ordnungszahl 女　モード次数（順序数，周期番号），modal numbers, ordi-
nal number, periodic number

parametrieren　パラメーター化する，parameterise

partielle Differentialgleichung 女　偏微分方程式，partial differential equa-
tion

Permutation 女　順列，permutation

Polynom 中　多項式，polynomial

Population 女　母集団，population

Probe 女　検算，verification

Produkt 中　積，product

propotional zu ～　～に比例する，propotional to ～

Quadrat 中　二乗（正方形），square

Quadratwurzel 女　平方根，square root

quadrieren　二乗する，square

Quellendaten 複　元データ，source data

quellenfreies Vektorfeld 中　管状ベクトル場，solenoidal vector field

Quellenprogramm 中　ソースプログラム，source program

Quellterm 男　ソースターム，source term

Quotient 男　商，quatient

Randbedingung 女　境界条件，boundary condition

11. 図表・グラフ・数式などで使用される表現

Randwertaufgabe 女 境界値問題，boundary value problem，BVP

Reihenfolge 女 数列，sequence，series，progression

Repräsentativität 女 代表性，representativeness

Reziprokzahl 女 逆数，reciprocal，inverse number

Schrägstrich 男 スラッシュ，slash

Simultangleichungen 女 覆 連立方程式，simultaneous equations

Spalte 女 列 columns

Spezies 女 則（計算の），rule；die vier Spezies 四則（加減乗除）

Sprungantwort 女 飛躍解（変動解），step response

Statistik 女 統計，statistics

Strichpunkt 男 セミコロン，semicolon

subtrahieren 引き算をする，do subtraction

Subtraktion 女 引き算，subtraction

Teiler 男 除数（約数），divisor

trigonometrische Funktion 女 三角関数，trigonometric function

überproportinal 過度に〜の比率を大きくする〜，overpropotionately

Umkehrfunktion 女 逆関数，inverse function

umrechnen 換算する，convert

ungerade Zahl 女 奇数，an odd number

Ungleichung 女 不等式，inequality，inequation

unterproportional 過度に〜の比率を小さくする〜，dispropotionately

Variable 女 変数，variable

Vergrößerung 女 倍率（例：50 ×；倍率 50），scale factor

Verhältnis 中 比例（関係），propotion

Verhältniskonstante 女 比例定数，constant of propotion

Wahrscheinlichkeit 女 確率，probability

Wertekollektiv 中 数値集合，figure collective

Wurzel 女 根，root

Zähler 男 分子，numerator

Zehnerlogarithmus 男 常用対数，類 lg = Logarithmus zur Basis 10, common logarithm，$\log_{10}$ ×

Zehnerpotenz 女 十乗，decimal power

Zeile 女 行，rows

Zufallszahl 女　乱数，random number

zweistellig　2桁の，two-digit

die zweite Wurzel 女　平方根，square root

本項の図表・数式関連語については，以下を参考・引用させていただきました．

・銀林浩，銀林純：数・数式と図形の英語，日興企画

・一松信，伊藤雄二：数学辞典，朝倉書店

・ヘンケル［http://www.henkel.de/］

12. 文中での単語・フレーズなどの省略の仕方

　文中では，以下のように，比較級などで，副文の後部が重くならないように後部
の名詞を，um ～ zu 構文などでは，前方にある名詞を，それぞれ省略することが
多い．いずれにしてもすっきりとした文体となるようにすることが，ポイントである.

- **～, dass <u>der Anteil an Synthesefasern</u> im Schuss größer ist als in der Kette.**　横糸における合成繊維の割合は，縦糸におけるよりも多い．ここでは，als の後の der Anteil an Synthesefasern を省略して，副文の後部が重くならないようにしている.

- **～, dass die <u>Photosynthese</u> eines vergilbten <u>Baumes</u> geringer ist als eines grünen.**　黄色くなった木の光合成は，緑色の木の場合よりもわずかである．ここでは，als の後の die Photosynthese と，grünen の後の Baumes が省略されている.

- **～, um wesentliche von unwesentlichen <u>Merkmalen</u> zu trennen**　本質的な特徴を，非本質的なものと，区別するために，～　ここでは，最初の Merkmale を省略している.

- **～, wird es aus den alten in die jüngen <u>Nadeln</u> verlagert.**　～なので，それは，古い針葉から若い針葉へ移される．この文では，alten の後の Nadeln が省略されている.

13. 申し込みのレター文例

レターの構成順に例文を示す.

1）書き出し

Diese Delegation hat den Wunsch geäußert, anlässlich ihres Aufenthaltes Ihr Hochofenwerk zu besuchen. この代表団は，彼らの滞在中に貴高炉工場を訪問させていただきたいとの希望を持っています.

Wir haben die Bitte, Ihre Kokerei zu besuchen. 御社コークス工場を訪問させていただきたいと思っています.

2）訪問の目的，メンバー

Im besonderen möchten wir folgende Themen ansprechen; ～ 特に，以下のテーマについてお話したいと思っています.

Wir möchten mit Ihren zuständigen Herren einen Gedankenaustausch über neues Stahlerzeugungsverfahren führen. 新製鋼プロセスについて，御社の責任者の方々と，意見の交換ができればと思っております.

Ich werde auf der Reise begleitet von Herren A und B. 私の今回の出張には，A 氏と B 氏が同伴します.

3）訪問希望日時

Als Besuchstermin möchte Ich den 20. August, vormittag vorschlagen. 8月20日午前のご都合はいかがでしょうか.

Wir haben die Bitte, Sie am 15. 09. 2019 zu besuchen. 2019年9月15日の訪問を希望します.

4）許可願い・結び

Wir würden uns freuen, wenn Sie uns hierzu eine Genehmigung erteilen könnten. 本件の許可をいただけましたら幸いです.

In der Hoffnung, bald von Ihnen zu hören, verbleiben wir, mit freundlichen Grüßen. Ihr A 速やかにお返事をいただけましたら幸いです. 敬具 A

13. 申し込みのレター文例

5）返事のレター；書き出し

Ich danke für Ihr Schreiben vom 23. März und kann Ihre Frage nach dem Verfahren wie folgt beantworten. 3月23日付けのお手紙ありがとうございます，そのプロセスに関するご質問に以下のようにお答えします（既述のように，日本語の助詞の使い方に注意）．

Zunächst möchte Ich um Nachsicht bitten für die verspätete Beantwortung Ihres Schreibens. 最初に，ご返事が遅れたことのお詫びを申し上げます．

Mit unserem Schreiben vom 30. April gaben wir Ihnen einige Informationen über unser Unternehmen. 4月30日付けの当方からの手紙で，弊社に関する二，三の情報をお送りしました．

6）返事のレター；日程の調整・受諾など

Ich habe Ihr Schreiben zuständigkeitshalber an die Geschäftsführung weitergegeben. Sie werden sich mit Ihnen in Verbindung setzen. あなたからの手紙につきましては，弊社の経営ボードにまわしました．彼らの方からご連絡します．

Wegen einer genaueren Abstimmung der Zeit darf Ich Sie bitten, sich mit Herrn A, in Verbindung zu setzen. 正確な時刻の設定のために，A氏と連絡をとっていただけますでしょうか．

Wir freuen uns auf den Besuch und bitten Sie, sich mit unserem Herrn A in Verbindung zu setzen. ご訪問を歓迎します，弊社のA氏に連絡をとってください．

Wir würden uns freuen, wenn Sie uns jetzt kurzfristig einen Terminvorschlag machen könnten. 至急日時の提案をしてくださいましたら幸いです．

7）返事のレター；結び・ほか

Anliegend erhalten Sie einige Informationen. 二，三の情報を同封します．

Ich hoffe, Ihnen mit diesen Angaben weiter geholfen zu haben. これらの報告がお役に立つものであったことを願っています（ここでは，完了不定詞が使われている）．

13

申し込みのレター文例

187

14. コンピュータ関連で多用される表現

1）共通表現

Damit Sie diese Software auf Ihrem System installieren können, sollten folgende Softwarevoraussetzungen erfüllt sein.　このソフトをあなたのパソコンにインストールするには，以下のソフトウエアの前提条件を満たされるようお勧めします.

im Internet unter folgender Adresse　インターネットの次のアドレスで

Kapital 3 macht Sie mit der Benutzeroberfläche vertraut.　3章をお読みいただけますと，ユーザーウインドウの使い方がわかります.

Kapital 5 soll Sie in die Lage versetzen, sich diese Software für Sie nutzbar zu machen.　5章をお読みいただけますと，このソフトウエアを便利に使いこなすことができるようになります（soll は書き手の意思を表している）.

2）マウス

Abkürzungen von Sachgebieten können in diesem Fenster mit einem rechten Mausklick aufgelöst werden.　専門分野・サブジェクトの略語は，ウインドウ内で右クリックによりフル表記させることができます.

Positionieren Sie dazu Ihren Mauszeiger auf das entsprechende Wort im Fenster.　そのためには，マウスポインターを，ウインドウに表示されている当該語に合わせてください.

Sie halten die Maustaste gedrückt und verschieben den Trennbalken anf die nene Position.　マウスボタンを押しながら，区割りバーを新しい位置にスライドします.

3）アイコン，ツールバー，ボタン，操作法など

als verdichtete Daten　圧縮データとして

Die Befehle zum Widerrufen der letzten Aktion　今行なった操作の取り消しコマンド

Betätigen der Eingabetaste　エンターキーを押す

Es erscheint ein Feld mit dem ausgechriebenen Sachgebietsnamen.　サブジェクト名（専門分野名）をフル表記したボックスが現れます.

14. コンピュータ関連で多用される表現

Hier lässt sich auch durch zwei Schaltflächen der vorige oder der nächste Feldbefehl in Dokument anspringen. 二つのボタンを操作することによっても，ドキュメント中の，前または次のフィールドコマンドに移ることができます．

Mit Hilfe der Objektleiste bei Nummerierungen können Sie leicht die Struktur numerieter Absätze verändern. 番号付けのオブジェクトバーを使うと，すでに番号付けされた段落の構造変更が楽にできます．

Mit der Wergzeugleiste können Sie Objekte aller Art in Ihr Dokument einfügen und auf häufig benutzte Funktion schnell zugreifen. 標準ツールバーを使うと，全てのオブジェクトをドキュメントに貼り付ける，並びに煩雑に使うファンクションにすばやくアクセスすることができます．

Verschiedene Symbole helfen Ihnen, Ihre Absätze zu sortieren oder unterschiedliche Absatzebenen zu definieren. いくつかのアイコンを使って，段落をソートする，または異なった段落レベルを定義することができます．

Wörterbuchfenster an Eingabe anpassen ディクショナリー・ウインドウを入力に合わせる．

Zum Anfruf der Rechenleiste drücken Sie (F2). ファンクションキー (F2) を押すと，数式バーが表示されます．

15. 特許明細書の構成，特許関連の語・文章・略語

特許翻訳は技術翻訳のなかで重要な位置を占めていることから，明細書の構成，特許用語などについてまとめてみた.

1）日本の特許明細書の構成

ドイツの特許明細書に進む前に，日本の特許明細書の構成を示す.

【書類名】明細書

【発明の名称】

【特許請求の範囲】

【請求項 1】～

【発明の詳細な説明】

【発明の属する技術分野】

【従来の技術】

【発明が解決しようとする課題】

【課題を解決するための手段】

【発明の実施の形態】

【発明の効果】

【図面の簡単な説明】

【図 1】～

【符号の説明】

これを念頭に次にドイツの特許明細書の構成をみる.

2）ドイツ特許明細書・特許公報の構成

a）表紙

典型的な例を示す:

(19) Europäisches Patentamt　　(11) EP1 698 430 A1

(12) EUROPÄISCHE PATENTANMELDUNG

(43) Veröffentlichungstag　　(51) Int.Cl.；B23Q 11/00, B08B 5/04, F26B 5/12

(21) Anmeldenummer

(22) Anmeldetag

（84）Banannte Vertragsstaaten （72）Erfinder

（71）Anmelder （74）Vertreter

（54）Bezeichnung der Erfindung

（57）Zusammenfassung der Erfindung oder Schutzanspruch

　上記のような順番に並んでいて，それぞれ以下の意味である．なお，上の括弧付き番号は INID-Code とよばれ，書誌的事項の識別記号である．

（19）文献発行庁または機関の WIPO（世界知的所有権機関）標準 ST.3 のコード，またはほかの識別；ヨーロッパ特許庁

（11）特許，SPC（追加保護証明書）または特許文献の番号；特許出願公開番号

（12）文献種別の簡潔な言語表示；欧州公開特許公報

（43）特許文献が，印刷または同様の方法により公衆の利用に供された日

（51）IPC 国際特許分類

（21）出願番号

（22）出願日

（84）広域特許条約に基づく指定締約国

（72）発明者名

（71）出願人名

（74）代理人名

（54）発明の名称

（57）要約または請求の範囲

b) 本文の構成

　この b) 本文の構成で用いている 1.　2.　などの番号は，ドイツ特許明細書で使われている［0001］［0002］などの番号を意味するもではなく，単にドイツ特許明細書中で記述される順番を示したものである．

〖Beschreibung〗（発明の詳細な説明）

1. Angabe des Gebiets der Erfindung（発明の属する技術分野）

　本文の最初に記述されるもので，betreffen を使ってたとえば次のように書かれる；
Die Erfindung betrifft eine Vorrichtung zum Absaugen von Werkstücken mit den Merkmalen des Oberbegriffs des Patentanspruchs 1.（EP1698430A1）
本発明は，特許請求項1の上位概念の特徴を備えた工作物の吸引装置に関するものである．

2. Beschreibung des Stands der Technik mit Fundstellen［従来の技術（水準）］

"Stand der Technik" とタイトルとして表わされている場合と，文中に書かれている場合とがある；Aus dem Stand der Techinik sind Verfahren und Einrichtungen zum Verpacken von Artikeln bekannt.（EP2319769A1） 商品の包装方法と装置に関しては，従来の技術（水準）で，すでに公知である．

3. Darstellung der Mängel des bisherigen Stands der Technik
　［発明が解決しようとする課題（目的）］

　この項も，"Aufgabe der Erfindung" と表記されている場合と，文中に入っている場合とがある．この項の文章では，zugrundeliegen または，darin bastehen が主に使われている；Der Erfindung liegt die Aufgabe zugrunde, eine Vorrichtung mit den Merkmalen des Oberbegriffs des Patentanspruchs 1 aufzuzeigen.（EP1698430A1） 本発明の課題（目的）は，特許請求項1の上位概念の特徴を備えた装置を提示することである．

　Aufgabe der Erfindung besteht darin, eine Einstellmöglichkeit für die Heißluftdüsen in einem Schrumpftunnel bereitzustellen.（EP2319769A1） 本発明の課題は，収縮処理トンネル（シュリンクトンネル）内で，熱空ノズル調整を可能とする方法を提供することである．

4. Beschreibung des technischen Problems, das der Erfindung zugrunde liegt
　（課題を解決するための手段）

　この項は，"Lösung" と表記されている場合と，文中に書かれている場合とがある．この項の文章は，主に lösen を使って書かれている；Die obige Aufgabe wird durch einen Schrumpftunnel mit Düsenanordnung gelöst, der die Merkmale des Patentanspruchs 1 umfasst.（EP2319769A1） 上記課題は，ノズル装置付で，特許請求項1の特徴を備えた収縮トンネル（シュリンクトンネル）を適用することで，解決される．

5. Beschreibung（発明の詳細な説明）

　この項は，改めて "Beschreibung" と表記される場合と表記のない場合があり，a) 発明の実施の形態（実施例）と図面の説明（Erläuterrung der Erfindung mit Ausführungsbeispielen und Bezug auf vorhandene Zeichnungen），b) 発明の効果（Angabe der durch die Erfindung erzielten Vorteile）に関する説明があり，続けて，符号の説明（Bezugszeichenliste）がある．

6. Patentansprüche（特許請求項）

　日本の場合と違って，特許請求項は，詳細な説明の後に書かれ，"Patentansprüche （特許請求項）" と明示し番号をつけ，箇条書きになっている．これは，

15. 特許明細書の構成, 特許関連の語・文章・略語

ドイツ特許では，連続するアラビア数字で記載しなければならないためである．

特許請求項の翻訳文は，独特のもので，よく使われる言い回しを以下に示す．

ドイツ語	日本語
A, dadurch gekennzeichnet,dass B.	B を特徴とする A
A, der (die, das) C beinhaltet (aus C besteht, C ist), dadurch gekennzeichnet, dass B ～	C を含む（C からなる，C である）A において，B を特徴とする A
A nach Anspruch 1, dadurch gekennzeichnet , dass B.	B を特徴とする請求項 1 記載の A
nach einem der Ansprüche 1 bis 3.	請求項 1 から 3 のいずれか 1 項に記載の
nach einem der vorhergehenden Ansprüche	前記請求項のいずれか 1 項に記載の

本章 15 の特許明細書の構成では，シェール・小山翻訳事務所殿の次のホームページを参考・引用させていただきましたので，感謝の意を表します．

〔http//www.koyama.de/resource/patentdokumente.html〕

3）特許明細書関連の表現法・用語・略語
a）表現法

das als Streifenmesser ausgebildete Trennmittel.　条片打ち落とし刃としてつくられている切断装置（条片打ち落とし刃である切断装置）．特許で装置などを規定する際に多用される als ～ ausgebildet の表現である．

Der Buchstabe PE ist für die Klemme zum Anschluss resreviert.　成端プラグは，文字 PE で表示する（文字 PE は，成端プラグを表わす）．

そのほかについては，前項「本文の構成」の例文を参考にしていただきたい．

b）特許明細書関連用語

Amtsbescheid 男　オフィスアクション，office action

Anmeldung 女　出願（申請，手続き補正書），application

Anspruch 男　特許請求項（クレーム），claim

Anwendungs-und Gültigkeitbereiche der Methoden 男 複　方法の適用範囲と有効範囲，application ranges and effective ranges of methode

Arbeitsgerätschaften 女 複　道具，tool

15. 特許明細書の構成, 特許関連の語・文章・略語

Auslegeschrift 囡　特許出願公告（略号 B, DAS, DT-AS）, publication of application

ausschließliche Lizenz 囡　専用実施権, exclusive license

Beschreibung 囡　明細書, specification

Bundespatentgericht 囲　連邦特許裁判所, Federal Patent Court

Bundessortenamt 囲　連邦植物変種局, the German Federal Office of Plant Varieties

Einheit 囡　単一性, unity

Einrede des freien Stand der Technik 囡　自由なる技術水準の抗弁（公知技術の抗弁）, argument of publicity known technique level

Einspruch 男　特許異議, opposition

Erfinderbenennung 囡　発明者を挙げる宣誓書, affidavit for naming of the inventor

erfinderische Betätigung 囡　発明性, inventive activities

Erfindungsgegenstand 男　特許出願に係わる発明の要旨・主題（客体）, the object of the invention, claimed invention

Erörterung 囡　意見書, written argument

Formalprüfung 囡　方式審査, formality check

Gattung 囡　属, genus〚バイオ関係語〛

Gebrauchsmusterschrift 囡　実用新案公開（略号 U）, unexamined utility model applications

Geschmackmuster 囲　意匠, design

gewerbliches Eigentum 囲　工業的所有権, industrial property right

Hauptanspruch 男　主特許請求項（主クレーム）, main claim

Idenzifizierung 囡　同一にすること（同一視, 同定, 識別）, identification

Individualisierung 囡　個別化, individualization

Lizenzbereitschaft 囡　実施許諾の用意, licences of right

Nebenanspruch 男　従属クレーム（サブクレーム）, 類 Unteranspruch 男, additional claim

Neue Materie 囡　新規事項, new matter

Neuerung 囡　新規性, novelty

Nichtigkeit 囡　特許権の無効, invalidity of patent right

Offenlegungsschrift 囡　特許出願公開公報（略号 A, DOS, DT-OS）,

publication of unexamined patent applications

Patentgesetz 甲　特許法, Patent Low

Patentschrift 女　特許明細書(特許公報, 略号 C, DT-PS), patent specification

Prüfer 男　審査官, examiner

Sortenschutzrolle 女　品種保護原簿, variety protection ledger

Sortenverzeichnis 甲　特別品種表, register of plant varieties

Stand der Technik 男　技術水準(公知技術, 従来の技術, 先行技術), state of art

technische Weiterentwicklung 女　技術的進歩性, technical inventive step

Übereinstimmung 女　一致(調和), identification

Übertragungserfindung 女　転用発明, conversional invention

Unteranspruch 男　従属クレーム(サブクレーム), 類 Nebenanspruch 男, additional claim

Unterredung 女　(審査官への)インタビュー, interview

Urheberrecht 甲　著作権, copyright

Verletzung 女　侵害, infringement

Vollmacht 女　委任状, power of attorney

Warenzeichen 甲　商標, trademark

c) 特許明細書関連略語

ANDA = 英 Abbreviated New Drug Application　簡略新薬申請手続き

ATCC = 英 American Type Culture Collection　アメリカ培養細胞系統保有機関

BIRPI　知的所有権保護合同国際事務局(WIPO の前身)

CAFC = 英 Court of Appeals for the Federal Circuit　連邦巡回控訴裁判所

CIP = 英 continuation-in-part　一部継続出願

CPC = 英 Community patent Convention　共同体特許条約

DAS = deutsche Auslegeschrift　ドイツ特許出願公告

DOS = deutsche Offenlegungsschrift　ドイツ特許出願公開公報

DT-AS = deutsche Auslegeschriften　ドイツ特許出願公告

DT-OS = deutsche Offenlegungsschrift　ドイツ特許出願公開公報

DT-PS = deutsche Patentschrift　ドイツ特許明細書(特許公報)

EPC = 英 <u>E</u>uropean <u>P</u>atent <u>C</u>onvention = Europäisches Patentübereinkommen 欧州特許条約

ESTs = 英 <u>e</u>xpressed <u>s</u>equences <u>t</u>ags　ヒト遺伝子断片（DNA 断片）

FDA = 英 <u>F</u>ood and <u>D</u>rug <u>A</u>dministration　米国食品医薬品局

GbmG = <u>G</u>e<u>b</u>rauchs<u>m</u>uster<u>g</u>esetz　実用新案法

GCP = 英 <u>G</u>ood <u>c</u>linical <u>p</u>ractice = Regeln für die Durchführung von klinischen Studien　国際的統一基準による臨床試験の実施基準

GMP = 英 <u>G</u>ood <u>M</u>anufacturing <u>P</u>ractice　医薬品製造品質管理基準

ICC = 英 International <u>C</u>hamber of <u>C</u>ommerce　国際商業会議所

ICH = 英 <u>I</u>nternational <u>C</u>ouncil （Conference） for <u>H</u>armonisation of Technical Requirements　for Registration　of　Pharmaceuticals for Human Use = Internationales Programm zur Harmonisierung von Zulassungsverfahren für Arzneimittel　医薬品規制調和国際会議（医薬品許可プロセスに関する国際調和プログラム；日本・アメリカ・EU 間の新薬承認審査の基準を統一するための会議）

IIPA = 英 <u>I</u>nternational <u>I</u>ntellectual <u>P</u>roperty<u>A</u>lliance　国際知的所有権連盟

IND = 英 <u>I</u>nvestigational <u>N</u>ew <u>D</u>rug Application = Medikamenten-Zulassung 臨床試験開始届

IPC = 英 <u>I</u>nternational <u>P</u>atent <u>C</u>lassification = Internationale Patentklassifikation　国際特許分類

IPCC　工業所有権協力センター

IPER = 英 <u>I</u>nternational <u>pre</u>examination <u>R</u>eport　国際予備審査レポート

ISR = 英 <u>I</u>nternational <u>S</u>earch <u>R</u>eport = internationaler Recherchenbericht 国際調査報告

ITC = 英 <u>I</u>nternational <u>T</u>rade <u>C</u>ommission = internationale Behörde für den Außenhandel　国際貿易委員会

NDA = 英 <u>N</u>ew <u>D</u>rug <u>A</u>pplication　新薬承認申請

NIBH　工業技術院生命工学工業技術研究所

PCT = 英 <u>P</u>atent <u>C</u>ooperation <u>T</u>reaty = Internationales Patentabkommen 特許協力条約

PVPA = 英 <u>P</u>lant <u>V</u>ariety <u>P</u>rotection <u>A</u>ct　植物新品種保護法

PVÜ = <u>P</u>ariser <u>V</u>erbandsübereinkunft zum Schutze des gewerblichen Eigentums　工業所有権保護に関するパリ条約

SortschG = Sortenschutzgesetz　植物の品種保護法

SPC = Ⓔ Supplement Protection Certificate　追加保護証明書

TLO = Ⓔ technology Licencing Office　米国技術移転事務局

TRIPs = Ⓔ Trade Related Aspects of Intellectual Property Rights　知的所有権の貿易関連側面

UPOV　Ⓕ 植物の新品種の保護に関する国際条約に基づく国際同盟，International Convention for the Protection of New Varieties of Plants

USPTO = Ⓔ United States Patent and Trademark Office = Amerikanische Behörde für Patente und Warenzeichen　米国アメリカ特許商標局

UWG = Gesetz gegen den unlauteren Wettbewerb　不正不当競争防止法

WIPO = Ⓔ World Intellectural Property Organisation = Weltorganisation für geistiges Eigentum　世界知的所有権機関

WTO = Ⓔ World Trade Organisation = Welthandelsorganisation　世界貿易機関

WzG = Warenzeichengesetz　商標法

　本 b)，c) 項の用語・略語に関しては，以下の書を参考・引用させていただきましたので，感謝の意を表します．
　・竹田和彦：特許の知識，ダイヤモンド社
　・飯田幸郷：40 カ国特許出願マニュアル，（社）発明協会，1990
　・特許庁技術懇話会：特許実務用語和英辞典，日刊工業新聞社，1997
　・早川太：独和・和独特許用語辞典，AIPPI・JAPAN. 1987
　・飯田幸郷：英和特許用語辞典，発明協会，1973

4)（51）IPC 国際特許分類について

　IPC 分類表によると，主分類は，次のように A セクションから H セクションに分けられている．
　A　生活必需品
　B　機械処理操作；運輸
　C　化学；冶金
　D　繊維；紙
　E　固定構造物
　F　機械工学，照明，加熱，武器，爆破

G 物理学

H 電気

今回，文例として取り上げた特許（工作物の吸引装置）を例に示すと，EP1698430A1 の IPC 分類には，次のように表示されているが，内容は以下のとおりである.

B23Q 11/00；工具または工作物の冷却または潤滑のための装置

B08B 5/04；補助作業の有無にかかわりのない吸入による清掃

F26B 5/12；吸引によるもの

IPC 分類表は，次のホームページより入手可能である.

http://www.jpo.go.jp/shiryou/s_sonota/kokusai_t/ipc8wk.htm

16. 分綴・シラブル（Silbentrennung）

　筆者が既刊の辞書の制作・編集ほかでの経験で気がついたドイツ語の分綴（ぶんてつ）の特徴は以下のとおりである．これらの事項も念頭に分綴されると，より確かなものになると思われる．

1）同じスペルが続くときはその中間で切る

Einzugsnip-pel 男　引き込み可能ニップル，retractable nipple

Emis-sion 女　放出（粉塵放出），emission

Optokop-pler 男　光結合子，optocoupler

program-mieren　プログラミングする，program

Strip-pung 女　ストリッピング（剥土，フレーム除去，静脈抜去術），stripping

2）当然のことながら発音の違いによる独英間での相違例

Elekt-rizität 女　電気 → 英 elec-tricity

Hyd-rodynamik 女　流体力学 → 英 hydro-dynamics

Hyd-roxysäure 女　ヒドロキシ酸 → 英 hy-droxyacid

Spekt-roskop 中　分光器 → 英 spec-troscope

Ult-ra ～　超～ → 英 ul-tra

3）-ung などでは，英語の -ing の多くとは違って，その前で切らずに，前に1字付ける

英 **steer-ing**　操舵

英 **look-ing**　～に見える

独 **Bestim-mung** 女　決定（検査，分析），provision，determination

　　Bin-dung 女　結合，binding

　　Erstar-rung 女　凝固，solidification

　　Kupp-lung 女　クラッチ（連結，継手），clutch，coupling

　　Span-nung 女　電圧（張力），voltage，tension

　　Unterset-zung 女　変速，reduction

　　Vorberei-tung 女　準備，preparation

16. 分綴・シラブル (Silbentrennung)

4) -er で終わる語は，英語の場合 -er の前で切る場合と切らない場合とがあるが，ドイツ語では，-er の前に 1 字付けて切る.

- 英 **boost-er**　ブースター
- 英 **carri-er**　担体 (保菌者)，Trä-ger 男
- 英 **load-er**　積み込み機，La-der 男
- 独 **Erzeu-ger** 男　生産者 (実父)，produc-er
　　Frä-ser 男　フライス盤 (ミーリング工)，cut-ter
　　Nachfol-ger 男　フォロアー (後継者)，successor，follow-er
　　Sattelauflie-ger 男　ロードセミトレーラー，load-semitrail-er
　　Trä-ger 男　梁 (桁，搬送波，保菌者，担体)，support，beam，carri-er
　　Trock-ner 男　ドライヤー，dri-er
　　zufälli-gerweise　偶然に，by chance

主 要 参 考 文 献

I 技術用語

1) Peter-k. Bundig: Langenscheidts Fachwörterbuch Elektrotechnik und Elektronik, Langenscheidt, 1998

2) Theodor C. H. Cole: Wörterbuch der Biologie, Spektrum Akademischer Verlag, Heidelberg, 1998

3) Technische Universität Dresden: Langenscheidts Fachwörterbuch Chemie und chemische Technik, Langenscheidt, 2000

4) M. Eichhorn: Langenscheidts Fachwörterbuch Biologie, Langenscheidt, 1999

5) V. Ferretti: Wörterbuch der Datentechnik, Springer-Verlag, Heidelberg, 1996

6) E. Richter: Technisches Wörterbuch, 1998, Cornelsen Verlag, Berlin, 1998

7) VDEh: Stahleisen-Wörterbuch, 6 Auflage, Verlag Stahleisen GmbH

8) Louis De Vries: German-English Technical And Engineering Dictionary, Iowa, 1950

9) Bertelsmann: Lexikon der Abkürzungen, Bertelsmann Lexikon Verlag, 1994

10) 医学大辞典(第18版), 南山堂, 1998

11) 機械術語大辞典, オーム社, 1984

12) 機械用語辞典, コロナ社, 1972

13) 生化学辞典(第3版), 東京化学同人, 1998

14) 大和久重雄：標準学術用語辞典 金属編, 誠文堂新光社, 1969

15) 理化学辞典(第5版), 岩波書店, 1998

16) 標準化学用語辞典 縮刷版, 日本化学会, 丸善, 2008

17) 化学工学辞典(第3版), 化学工学会, 丸善, 2007

18) 新版 電気電子用語辞典, オーム社, 2001

19) K-H. Brinkmann: Wörterbuch der Daten-und Kommunikationstechnik, Brandstetter, 1997

20) 略語大辞典, 丸善, 2005

21) 電気術語大辞典, オーム社, 1991

II 一般用語

1) Harold T. Betteridge: Cassell's Dictionary, Macmillan Publishing Company, New York, 1978
2) 新英和大辞典（第5版），研究社，1980
3) 新現代独和辞典，三修社，1994
4) 相良守峰：大独和辞典，博友社，1958
5) 相良守峰：独和中辞典，研究社，1996
6) 新アポロン独和辞典（第2版），同学社，2001
7) 現代英和辞典，研究社，1973
8) 武田昌一，吉田次郎：現代ドイツ文法，白水社，1983

III 参考ホームページ

1) linguee（独英辞典）[https://www.linguee.de/]
2) Weblio 英和辞典・和英辞典 [http://ejje.weblio.jp/]
3) 国立情報学研究所（NII）学術研究データベース・リポジトリ
   [http://dbr.nii.ac.jp/infolib/meta_pub/G9200001CROSS]
4) www.abkuerzungen.de（省略語辞典）[http://abkuerzungen.de]
5) ベルリン自由大学化学生化学研究所
   [https://www.bcp.fu-berlin.de/chemie/index.html]
6) ウィキペディア（フリー百科事典）[http://ja.wikipedia.org/wiki]
7) 科学技術振興機構（JST）科学技術情報プラットフォーム
   [https://jipsti.jst.go.jp/]
8) www. medizinische-abkuerzungen.de（医療省略語辞典）
   [https://www.medizinische-abkuerzungen.de/suche.html]
9) YAHOO! JAPAN（検索サイト）[http://www.yahoo.co.jp/]
10) 化学ブック [https://www.chemicalbook.com/ProductIndex_JP.aspx]

あ と が き

　本書の制作にあたってご協力をいただいた　技報堂出版株式会社取締役石井
洋平様に心より感謝申し上げますとともに，編集してくださった主任伊藤大樹
様をはじめとする関係の方々に謝意を表します．本書がドイツ語を通して日本
の科学技術の発展に少しでも寄与できましたら，編者の望外の喜びでありま
す．また，既刊の『科学技術独和英大辞典』『科学技術和独英大辞典』並びに
続刊を予定しております『科学技術独和英略語大辞典』につきましても，本書
と併せてご活用いただけましたら幸いです．最後に，本書の作成にあたって，
心より，応援してくれた妻の明子，亡き両親をはじめとする家族に感謝の意を
表します．

　　　　　　　　　　　　　　　　　　　2019年（令和元年）秋　町村　直義

《著者略歴》

町村直義（まちむら・なおよし）

昭和 42 年 3 月 早稲田大学高等学院卒，

昭和 46 年 3 月 早稲田大学理工学部金属工学科卒，

昭和 48 年 3 月 早稲田大学理工学研究科金属工学専攻修士課程修了，

在学中に IAESTE（国際学生技術研修協会）により，西独鉄鋼メーカーPeine-Salzgitter AG にて，技術研修，

昭和 48 年（1973）4 月 住友金属工業㈱（現日本製鉄㈱）入社，

製鋼所製鋼工場，鹿島製鉄所製鋼工場の現場技術スタッフ，本社勤務を経て，デュセルドルフ事務所勤務，ISO（国際標準化機構）事務局長などを歴任．

その間，製鋼技術開発，連続鋳造技術開発，技術調査，技術交流，技術販売，海外展示会への出展，海外広告の作成・出稿，海外向けカタログの作成，等々に携わる．

ドイツ語については，高校 3 年間，週 4 時間の授業にて，基礎を学ぶ．その後，西ドイツでの研修，駐在により，技術との連携を図りながら，研鑽を積み，社内外の翻訳などを行ない，今日に至る．

IAESTE 正会員，VDEh（ドイツ鉄鋼協会）正会員，日本特許情報機構（JAPIO）独和抄録作成者（10 年以上にわたる），日本科学技術情報機構（JST）独和翻訳者，㈱特許デイタセンター（PDC）独和翻訳者．

編著書に『科学技術独和英大辞典』（技報堂出版）［日刊工業新聞 2016.10.27 に書評掲載］，『科学技術和独英大辞典』（技報堂出版）［日刊工業新聞 2018.2.26 に書評掲載］，訳書に『モビリティ革命（共訳）』（森北出版）［日本経済新聞 2016.6.19 に書評掲載］ほか，実務翻訳多数．

科学技術ドイツ語表現・語彙・類用語大辞典

定価はカバーに表示してあります.

2019 年 11 月 5 日　1 版 1 刷発行

ISBN 978-4-7655-3020-0 C3550

編著者	町　村　直　義	
発行者	長　　滋　彦	
発行所	技報堂出版株式会社	

〒101-0051　東京都千代田区神田神保町 1-2-5

日本書籍出版協会会員
自然科学書協会会員
土木・建築書協会会員
Printed in Japan

電　話　営　業　（03）（5217）0885
　　　　編　集　（03）（5217）0881
　　　　Ｆ Ａ Ｘ　（03）（5217）0886
振替口座　00140-4-10
Ｕ　Ｒ　Ｌ　http://gihodobooks.jp/

© Naoyoshi Machimura, 2019
落丁・乱丁はお取り替えいたします.

装丁　ジンキッズ　　印刷・製本　昭和情報プロセス

JCOPY ＜出版者著作権管理機構　委託出版物＞

本書の無断複写は著作権法上での例外を除き禁じられています. 複写される場合は, そのつど事前に, 出版者著作権
管理機構（電話：03-3513-6969, FAX：03-3513-6979, e-mail：info@jcopy.or.jp）の許諾を得てください.

◆小社刊行図書のご案内◆

定価につきましては小社ホームページ（http://gihodobooks.jp/）をご確認ください.

科学技術独和英大辞典

町村直義 編
A5・336 頁

【内容紹介】科学技術分野のドイツ語を扱った辞典は近年刊行されることがなく，科学技術の進展に適応できていない．本書は，科学技術分野でよく使われているドイツ語について，有用な単語・表現（一部略語も含む）をまとめたものである．本書で挙げる単語・表現は，著者が実際に遭遇し，使用してきた単語・表現であり，実務に大いに活用できる.

科学技術和独英大辞典

町村直義 編
A5・420 頁

【内容紹介】本書は，科学技術の分野でよく使われている日本語・ドイツ語について，有用な単語・表現（一部略語も含む）を和独英としてまとめたものである．本書で挙げる単語・表現は，著者が実際に遭遇し，使用した単語・表現であり，実務に大いに活用できる.

英語論文表現例集 with CD-ROM
― すぐに使える 5,800 の例文 ―

佐藤元志 著／田中宏明・古米弘明・鈴木穣 監修
A5・766 頁

【内容紹介】英語で書かれた学術論文から役に立ちそうな表現例を集め整理した．英語での研究論文や国際会議，学会での発表に有益な書．また，パソコンで利用可能なデータベースのソフトを添付した版．科学論文作成に必要不可欠なキーワード単語をアルファベット順に抽出．環境科学や環境工学を中心に，実際の論文で使われた文章表現例を 5,800 に上って掲載している.

土木用語大辞典

土木学会 編
B5・1678 頁

【内容紹介】土木学会が創立 80 周年記念出版として企画し，わが国土木界の標準辞典をめざして，総力を挙げて編集にあたった書．総収録語数 22,800 語．用語解説は，定義のほか，必要な補足説明を行い，重要語については，理論的裏付けや効用などにも言及している．さらに，歴史的な事柄，出来事，人物，重要構造物や施設などについては，事典としての利用にも配慮した解説がなされている．見出し語のすべてに対訳英語が併記されているのも，本書の特色の一つ．英語索引はもちろん，主要用語 2,300 余語の 5 か国語対訳表（日・中・英・独・仏）も付録.

技報堂出版
TEL 営業 03(5217)0885　編集 03(5217)0881
FAX 03(5217)0886